"十三五"国家重点图书出版规划项目

材料科学研究与工程技术/预拌混凝土系列

《预拌混凝土系列》总主编 张巨松

自密实混凝土

SELF-COMPACTING CONCRETE

张巨松 李 晓 主编

哈尔滨工业大学出版社

HARBIN INSTITUTE OF TECHNOLOGY PRESS

内 容 简 介

作为《预拌混凝土系列》丛书的重要组成部分,本书从自密实混凝土原材料、结构及形成、配合比设计、生产与施工、性能、应用等方面全面介绍了自密实混凝土材料。书中通过收集整理自密实混凝土常见工程问题与案例,将基本理论知识与工程实际相结合,内容丰富,实用性强。

本书适合作为混凝土从业者的入门指导书,也可用作无机非金属材料专业本、专科学生的教学参考书。

图书在版编目(CIP)数据

自密实混凝土/张巨松,李晓主编. —哈尔滨:哈尔滨工业
大学出版社,2017.8
ISBN 978 - 7 - 5603 - 6547 - 3

Ⅰ.①自… Ⅱ.①张… ②李… Ⅲ.①混凝土
Ⅳ.①TU528

中国版本图书馆 CIP 数据核字(2017)第 073256 号

材料科学与工程
图书工作室

责任编辑	何波玲
封面设计	卞秉利
出版发行	哈尔滨工业大学出版社
社　　址	哈尔滨市南岗区复华四道街 10 号　邮编 150006
传　　真	0451 - 86414749
网　　址	http://hitpress.hit.edu.cn
印　　刷	黑龙江艺德印刷有限责任公司
开　　本	660mm×980mm　1/16　印张 9.75　字数 152 千字
版　　次	2017 年 8 月第 1 版　2017 年 8 月第 1 次印刷
书　　号	ISBN 978 - 7 - 5603 - 6547 - 3
定　　价	38.00 元

丛 书 序

混凝土从近代水泥的第一个专利(1824 年)算起,发展到今天近两个世纪了,关于混凝土的历史发展大师们有着相近的看法,吴中伟院士在其所著的《膨胀混凝土》一书中总结道,水泥混凝土科学历史上曾有过 3 次大突破:

(1)19 世纪中叶至 20 世纪初,钢筋和预应力钢筋混凝土的诞生。

(2)膨胀和自应力水泥混凝土的诞生。

(3)外加剂的广泛应用。

黄大能教授在其著作中提出,水泥混凝土科学历史上曾有过 3 次大突破:

(1)19 世纪中叶,法国首先出现的钢筋混凝土。

(2)1928 年,法国 E. Freyssinet 提出了混凝土收缩徐变理论,采用了高强钢丝,发明了预应力锚具,成为预应力混凝土的鼻祖、奠基人。

(3)20 世纪 60 年代以来,出现层出不穷的外加剂新技术。

材料科学在水泥混凝土科学中的表现可以理解为:

(1)金属、无机非金属、高分子材料的分别出现。

(2)19 世纪中叶至 20 世纪初无机非金属材料和金属材料的复合。

(3)20 世纪中叶金属、无机非金属、高分子材料的复合。

可见人造三大材料,即金属、无机非金属和高分子材料在水泥基材料中,于 20 世纪 60 年代完美复合。

1907 年,德国人最先取得混凝土输送泵的专利权;1927 年,德国的 Fritz Hell 设计制造了第一台得到成功应用的混凝土输送泵;荷兰人 J. C. Kooyman 在前人的基础上进行改进,1932 年成功地设计并制造出采用卧式缸的 Kooyman 混凝土输送泵;到 20 世纪 50 年代中叶,德国的 Torkret 公司首先设计出用水作为工作介质的混凝土输送泵,标志着混凝土输送泵的发展进入了一个新的阶段;1959 年,德国的 Schwing 公司生产出第一台全液压的混凝土输送泵,混凝土泵的不断发展,也促进泵送混凝土的快速发展。

1935 年,美国的 E. W. Scripture 首先研制成功了以木质素磺酸盐为主要成分的减水剂(商品名"Pozzolith"),1937 年获得专利,标志着普通减水剂的诞生;1954 年,制定了第一批混凝土外加剂检验标准。1962 年,日本花王石碱公司服部健一等人研制成功了 β－萘磺酸甲醛缩合物钠盐（商品名"麦蒂"），即萘系高效减水剂；1964 年，西德的 Aignesberger 等人研制成功了三聚氰胺减水剂（商品名"Melment"），即树脂系高效减水剂，标志着高效减水剂的诞生。

20 世纪 60 年代，混凝土外加剂技术与混凝土泵技术结合诞生了混凝土的新时代——预拌混凝土。经过半个世纪的发展，预拌混凝土已基本成熟。为此，我们组织编写了《预拌混凝土系列丛书》，希望系统总结预拌混凝土的发展成果，为行业的后来者迅速成长铺路搭桥。

本系列丛书内容宽泛，加之作者水平有限，不当之处敬请读者指正！

张巨松

2015 年 3 月

前　　言

混凝土是人类有史以来最大宗的材料之一,自密实混凝土是一种高流动性的混凝土,这种诞生于日本,光大于欧洲的混凝土近年来在国内得到了长足的发展,自密实混凝土的生产与应用范围越来越广泛。但是,目前国内自密实混凝土技术在工程应用中缺乏系统性、指导性资料和工具书,而本书的编写主要是希望解决自密实混凝土技术推广应用的诸多问题,从而指导土建工程中自密实混凝土的生产与应用。

本书是一本建筑材料类工程用书,主要是面向从事混凝土及其制品生产、应用行业的工程技术人员。本书在编写过程中立足于工程实际,着重就自密实混凝土关键技术问题进行了分析和阐述,并收录了一些典型工程实例,可作为自密实混凝土在各种工程应用中的技术性参考。

本书由沈阳建筑大学张巨松、李晓编写,具体内容包括原材料、自密实混凝土结构及形成、自密实混凝土的配合比设计、自密实混凝土的生产与施工、自密实混凝土的性能及自密实混凝土的应用。

本书在编撰过程中收集整理了很多国内外前辈、同行的成果与经验,在此对他们在自密实混凝土方面的卓越工作及成果表示诚挚的致谢。

由于编者水平有限,虽经过多次修改,但未尽人意之处在所难免,敬请各位读者批评指正,以期使本书进一步完善。

编　者

2016 年 11 月

目　　录

绪论 ……………………………………………………………… 1

　0.1 自密实混凝土的发展 …………………………………… 1

　0.2 术语与符号 …………………………………………… 3

第1章　原材料 ………………………………………………… 6

　1.1 胶凝材料 ……………………………………………… 6

　1.2 骨料和水 ……………………………………………… 9

　1.3 化学外加剂 …………………………………………… 13

　1.4 纤维 …………………………………………………… 14

第2章　自密实混凝土结构及形成 ………………………… 15

　2.1 混凝土结构 …………………………………………… 15

　2.2 结构形成 ……………………………………………… 16

第3章　自密实混凝土的配合比设计 ……………………… 22

　3.1 基本要求 ……………………………………………… 22

　3.2 设计方法 ……………………………………………… 23

　3.3 设计步骤 ……………………………………………… 25

　3.4 特种自密实混凝土配合比设计 ……………………… 33

　3.5 设计实例 ……………………………………………… 34

第4章　自密实混凝土的生产与施工 ……………………… 46

　4.1 自密实混凝土制备 …………………………………… 46

　4.2 自密实混凝土运输 …………………………………… 48

　4.3 自密实混凝土输送 …………………………………… 49

　4.4 模板施工 ……………………………………………… 50

　4.5 浇筑 …………………………………………………… 59

4.6 养护 ……………………………………………………… 62

4.7 质量检验与验收 ………………………………………… 63

4.8 特殊自密实混凝土的生产 ……………………………… 64

第5章 自密实混凝土的性能 ……………………………… 69

5.1 拌合物的性能 …………………………………………… 69

5.2 硬化混凝土的性能 ……………………………………… 81

5.3 耐久性 …………………………………………………… 93

第6章 自密实混凝土的应用 ……………………………… 102

6.1 建筑工程 ………………………………………………… 104

6.2 铁路工程 ………………………………………………… 124

6.3 桥梁工程 ………………………………………………… 131

6.4 隧道工程 ………………………………………………… 134

6.5 电力工程 ………………………………………………… 138

附录 自密实混凝土相关标准 …………………………… 141

参考文献 ……………………………………………………… 143

绪　论

人类对混凝土这一材料的应用可以追溯到古老的年代,其所用的胶凝材料包括黏土、石灰、石膏、火山灰等。19 世纪 20 年代出现了硅酸盐类水泥,以其作为胶凝材料的混凝土可以满足工程所需要的强度和耐久性,而且原料丰富,价格低廉,因而广泛应用于建筑行业。

0.1　自密实混凝土的发展

1900 年,万国博览会上钢筋混凝土材料崭露头角,在建筑材料领域引起了一场革命。1918 年,艾布拉姆发表了著名的计算混凝土强度的水灰比理论,钢筋混凝土开始成为塑造这个世界景观的重要材料。

20 世纪 80 年代,日本为了解决混凝土结构的耐久性问题和熟练建筑工人匮乏而导致工程质量下降问题,由日本东京大学教授冈村甫(Okamura)最早提出"免振捣的耐久性混凝土",由小泽(Ozawa)和前川(Maekawa)做了相应的基础研究。1996 年,冈村甫首次将这种混凝土命名为自密实高性能混凝土(self-compacting high performance concrete),其关键技术是通过掺加高效减水剂和矿物掺合料,在低水胶比条件下,大幅度提高混凝土拌合物的流动性,同时保证良好的黏聚性、稳定性。

发展到今天,自密实混凝土(self-compacting concrete,SCC)被定义为一种高流动性且具有适当粘度的混凝土。它不离析,能够在自身重力作用下自行密实,属于高性能混凝土的一种。其突出特点是拌合物具有良好的工作性能,即使在配筋密集和浇筑形状复杂的条件下,仅依靠自重而无需振捣或少振捣便能自动流平,并均匀密实填充成型和包裹钢筋,为施工操作带来极大方便。适合于浇筑量大、浇筑高度大、钢筋密集、有特殊形状等的工程;特别适用于难以浇筑甚至无法浇筑的部位,可避免出现因振捣不足而造成的空洞、蜂窝、麻面等质量缺陷;同时,还可提高混凝土质量、改善施工环境、加快施工进度、提高劳动生产率、降低工程费用等。与普通混凝土相比,其强度等级越高,优势就越明显。因此,自密实混凝土被称为"最近几十年中混凝土技术最具革命性的发展"。

　　国外自密实混凝土的应用已日趋广泛。1994年底,日本已有28个建筑公司掌握了自密实混凝土的技术。2004年,自密实混凝土总应用量已超过250万 m³,并且呈现逐年增加之势。目前,日本正在致力于将自密实混凝土从特种混凝土发展成普通混凝土。典型的工程应用实例是跨度为 1 990 m的明石海峡大桥(悬索桥),该桥的两个锚碇分别使用了 24 万 m³ 和 15 万 m³ 强度为 25 MPa 的自密实混凝土。由于采用了自密实混凝土,使得锚碇的施工工期由 2.5 年缩短为 2 年,缩短工期 20%。近年来由于在日本不断有采用自密实混凝土成功的工程实例,美国等西方国家也开始注意该项技术。在美国,为了保证混凝土的浇筑质量以保证钢筋和混凝土的整体性,在钢筋密集的钢筋混凝土和几何形状复杂的结构中,也使用自密实的混凝土,但强调仍需要适当的振捣以确保混凝土足够密实。美国西雅图 65 层的双联广场钢管混凝土柱,28 d 抗压强度为 115 MPa,是迄今为止自密实混凝土应用中强度最高的实例。该工程由于采用了超高强度自密实混凝土,从底层逐层泵送,无振捣,降低了结构成本的 30%。

　　我国自密实混凝土发展起步较晚,从 1995 年开始,北京、深圳、济南等城市也开始有工程陆续使用自密实混凝土,但总的来说浇筑量还很少。自密实混凝土主要用于地下暗挖、密筋、形状复杂等无法浇筑或浇筑困难的部位,解决扰民、缩短工期等施工问题。近年来我国自密实混凝土发展应用较为迅速,应用领域也进一步拓展,从房屋建筑扩大到水利、桥梁、隧道等大型工程。其中具有代表性的工程实例有北京首都机场新航站楼部分结构、西单北大街东侧商业区改造的工程等,均取得了较好的技术、经济和社会效益。为了解决国内工程应用中缺乏指导性文件,技术标准空缺,不利于该技术的推广等问题,中国工程建设标准化协会已编制了《自密实混凝土应用技术规程》(CECS 203:2006),2012 年 3 月住房和城乡建设部又颁布了《自密实混凝土应用技术规程》(JGJ/T 283—2012),推荐给工程建设、施工和使用单位采用。

　　自密实混凝土的优点突出,其应用前景非常广阔,但由于开发与应用的历史较短,尚存在种种不足,包括以下几方面:

（1）自密实混凝土配合比设计方法缺乏对不同设计、施工要求以及使用不同外加剂情况的综合考虑，经济性考虑不足。

（2）自密实混凝土所用的外加剂缺乏明确的标准。

（3）自密实混凝土由于采用低水胶比，且掺入较多的具有相当活性的矿物细掺合料，从而引起混凝土的自收缩，使混凝土内部结构受到损伤，而产生微裂缝。

（4）自密实混凝土由于掺入大量的高效减水剂，其物理力学性能和耐久性是否发生变化及其变化规律还不是很明确。

（5）自密实混凝土的材料成本要略高于普通混凝土，这也成为应用自密实混凝土的主要障碍。

虽然自密实混凝土依然存在很多需要完善的方面，但其适用于大多混凝土结构和施工条件是毋庸置疑的，其应用前景非常广阔。冰岛建筑研究院的Wallkevik先生预言："将来有一天，所有混凝土都会变成自密实混凝土。"

0.2　术语与符号

0.2.1　自密实混凝土术语

自密实混凝土（self-compacting concrete）：具有高流动性、均匀性和稳定性，浇筑时无需外力振捣，能够在自重作用下流动并充满模板空间的混凝土。

填充性（filling ability）：自密实混凝土拌合物在无需振捣的情况下，能均匀密实成型的性能。

间隙通过性（passing ability）：自密实混凝土拌合物均匀通过狭窄间隙的性能。

抗离析性（segregation resistance）：自密实混凝土拌合物中各种组分保持均匀分散的性能。

坍落扩展度（slump-flow）：自坍落度筒提起至混凝土拌合物停止流动后，测量坍落扩展面最大直径和与最大直径呈垂直方向的直径的平均值。

扩展时间（T500）（slump-flow time）：用坍落度筒测量混凝土坍落扩展度时，自坍落度筒提起开始计时，至拌合物坍落扩展面直径达到 500 mm 的时间。

J 环扩展度(J-ring flow)：J 环扩展度试验中,拌合物停止流动后,扩展面的最大直径和与最大直径呈垂直方向的直径的平均值。

离析率(segregation precent)：标准法筛析试验中,拌合物静置规定时间后,流过公称直径为 5 mm 的方孔筛的浆体质量与混凝土质量的比例。

0.2.2　自密实混凝土通用符号

1. 自密实性能等级

F_m——粗骨料振动离析率；

PA——坍落扩展度与 J 环扩展度之差；

SF——坍落扩展度；

SR——离析率；

VS——扩展时间(T500)。

2. 体积

V_n——每立方米混凝土中引入的空气体积；

V_g——每立方米混凝土中粗骨料的体积；

V_s——每立方米混凝土中细骨料的体积；

V_m——每立方米混凝土中砂浆的体积；

V_p——每立方米混凝土中除粗、细骨料后剩下的浆体体积；

V_w——每立方米混凝土中水的体积。

3. 质量

m_b——每立方米混凝土中胶凝材料的质量；

m_{ca}——每立方米混凝土中外加剂的质量；

m_g——每立方米混凝土中粗骨料的质量；

m_s——每立方米混凝土中细骨料的质量；

m_m——每立方米混凝土中矿物掺合料的质量；

m_w——每立方米混凝土中用水的质量。

4. 密度

ρ_b——胶凝材料的表观密度；

ρ_c——水泥的表观密度；

ρ_g——粗骨料的表观密度；

ρ_m——矿物掺合料的表观密度；

ρ_s——细骨料的表观密度；

ρ_w——拌合水的表观密度。

5. 强度

$f_{cu,0}$——混凝土配制强度值；

f_{ce}——水泥的 28 d 实测抗压强度。

6. 其他

α——每立方米混凝土中外加剂占胶凝材料总量的质量分数；

β——每立方米混凝土中矿物掺合料占胶凝材料总量的质量分数；

H——混凝土侧压力计算位置处至新浇筑混凝土顶面的总高度；

γ——矿物掺合料的胶凝系数；

γ_c——混凝土的重力密度；

Φ_s——单位体积砂浆中砂所占的体积分数。

第1章 原材料

自密实混凝土原材料包括胶凝材料、粗细骨料、水、外加剂及其他掺合料。为了获得预期性能，必须采用符合标准的原材料，按照合理的配比制备自密实混凝土。自密实混凝土拌合物的性能取决于浆体和骨料的性质与含量。当骨料的性质与含量一定时，优化浆体的粘度和屈服剪切应力，即可获得满意的拌合物工作性。

1.1 胶凝材料

1.1.1 水泥

配制自密实混凝土宜优先采用硅酸盐水泥或普通硅酸盐水泥。根据自密实混凝土的性能要求，适于配制自密实混凝土的水泥应具有以下特性：

（1）水泥应具有与外加剂（特别是减水剂）的良好适应性，标准稠度需水量应较低，其制备的浆体在低水灰比下能获得较好的流动性、黏聚性、保水性。

（2）水化热低、水化放热速度慢，凝结时间符合要求。优先选择 C_3A 和碱含量小的水泥。

（3）水泥强度等级根据自密实混凝土的试配强度等级选择，其早期强度发展满足需要，28 d 强度达到自身等级要求。

一般来说，自密实混凝土比普通混凝土水泥用量多、水泥强度等级高，并且水泥技术指标应符合现行国家标准《通用硅酸盐水泥》（GB 175）的规定。当采用其他品种水泥时，其性能指标应符合国家现行相关标准的规定。

有抗渗要求的自密实混凝土按设计要求选用水泥强度等级不低于 32.5 级，不得使用过期或受潮结块水泥。有抗冻要求的自密实混凝土应选用硅酸盐水泥或普通硅酸盐水泥，不宜使用火山灰质硅酸盐水泥。高强度等级的自密实混凝土应选用质量稳定、强度等级不低于 42.5 级的硅酸盐水泥或普通硅酸盐水泥。泵送施工的自密实混凝土应选用硅酸盐水泥、普通硅酸盐水泥、矿渣硅酸盐水泥和粉煤灰硅酸盐水泥，不宜使用火山灰硅酸盐水泥。大体积自密实混凝土应选用水化热低和凝结时间长的水泥，如低热矿渣硅酸盐水泥、中热硅酸盐水泥、矿渣硅酸盐水泥、粉煤灰硅酸盐水泥、火山灰质硅酸盐水泥等，当采用硅酸盐水泥或普通硅酸盐水泥时，应采取相应措施延缓水化热的释放。冬期施工的自密实混凝土应优先选用硅酸盐水泥和普通硅酸盐水泥，强度等级不低于 42.5 级。当在使用中对水泥质量有怀疑或水泥出厂超过三个月（快硬硅酸盐水泥超过一个月）时，应进行复验，并按复验结果使用。在钢筋混凝土结构、预应力混凝土结构中，严禁使用含氯化物的水泥。

　　总之，除了要求低水化温升的大体积自密实混凝土需要选用中热或低热水泥外，应优先选用强度等级不低于 42.5 级的硅酸盐水泥、普通硅酸盐水泥和强度等级不低于 32.5 级的矿渣硅酸盐水泥。使用矿物掺合料的自密实混凝土，宜选用硅酸盐水泥或普通硅酸盐水泥。自密实混凝土所用的水泥品种在有特殊要求时，可根据设计、施工要求以及工程所处环境确定。一般情况下，自密实混凝土宜选用通用硅酸盐水泥，不宜采用铝酸盐水泥、硫铝酸盐水泥等凝结时间短、流动性经时损失大的水泥。

1.1.2　矿物掺合料及外加剂

　　现行对自密实混凝土的性能要求，使用单一的水泥胶凝材料已无法满足实际需要。矿物掺合料成为配制自密实混凝土的必要条件之一。矿物掺合料可以提高混凝土拌合物的流动性、黏聚性和保塑性，调节混凝土拌合物的和易性，减少水泥用量和水化热，控制混凝土硬化过程中的温升速度和幅度。其自身还可以与水泥熟料矿物水化生成物发生二次火山灰反应，参与水化过程，提高混凝土后期强度，改善其内部结构，提高混凝土的耐久性，并且还能抑制碱—骨料反应的发生。矿物掺合料的细度和吸水量是重要的参数，一般认为直径小于 0.125 mm 的矿物掺合料对自密实混凝土更有利。常用的矿物掺合料包括粉煤灰、粒化高炉矿渣粉和硅灰。

　　粉煤灰是热电厂排放的废弃物，一般要求为 Ⅰ、Ⅱ 级灰，45 μm 方孔筛筛余≤12%，需水量比≤95%，烧失量≤5%。粉煤灰的掺入可以使混凝土结构更致密，后期强度及结构耐久性也不断提高；同时，可降低水泥的用量，使水化热的峰值降低,有利于大体积混凝土的施工和避免混凝土结构开裂。另外由于粉煤灰的价格便宜,可有效降低自密实混凝土的配制成本。但粉煤灰的加入会降低混凝土硬化体的抗碳化性。配制自密实混凝土采用的粉煤灰应符合国家现行标准《用于水泥和混凝土中的粉煤灰》(GB/T 1596)的规定。

粒化高炉矿渣粉比粉煤灰的活性更高。磨细高炉矿渣掺入混凝土的作用类似于粉煤灰掺入混凝土的作用,但其抗离析性差。配制自密实混凝土采用的粒化高炉矿渣粉应符合现行国家标准《用于水泥和混凝土中的粒化高炉矿渣粉》(GB/T 18046)的规定。

硅灰又称硅微粉,也称微硅粉或二氧化硅超细粉,一般情况下统称为硅灰。它是在冶炼硅铁合金和工业硅时产生的 SiO_2 和 Si 气体与空气中的氧气迅速氧化并冷凝而形成的一种超细硅质粉体材料。硅灰为灰色或灰白色粉末,是非结晶相无定形圆球状颗粒,且表面较为光滑,有些则是多个圆球颗粒粘在一起的团聚体。微小的球状体可以起到润滑的作用,但它的比表面积很大(一般为 20 000 m^2/kg 以上)。掺加高效减水剂,使硅灰充分分散后,其润滑作用才能够显现出来,颗粒之间的形态效应才可以置换更多的自由水。随着硅灰掺量的增加,可以提高浆体的保水性和黏聚性,避免离析、泌水的发生,有效降低自密实混凝土泵送阻力。但硅灰掺量过大时,自密实混凝土拌合物过于粘稠,流动性降低。硅灰对自密实混凝土硬化体的强度增长十分有利,与此同时硅灰还可以降低材料质量、配料准确性等波动对混凝土强度的影响,降低自密实混凝土强度配制的敏感性。总之,硅灰对自密实混凝土的作用和机理较粉煤灰更为复杂,其性能应符合现行国家标准《高强高性能混凝土用矿物外加剂》(GB/T 18736)的规定。

沸石粉主要成分是火山熔岩形成的一种架状结构的铝硅酸盐矿物,含有一定量的活性二氧化硅和三氧化硅。沸石粉可以与水泥熟料矿物水化产物氢氧化钙发生反应,生成胶凝性物质。在一定掺量范围内,沸石粉在提高混凝土力学性能方面优于粉煤灰,在拌合物流动性方面劣于粉煤灰,而且可以促进水泥水化完全,使混凝土内部结构更加致密,耐久性提高。用于配制自密实混凝土的沸石粉应符合国家标准《高强高性能混凝土用矿物外加剂》(GB/T 18736)的规定。

超细石粉是由石灰石、白云石、花岗岩等经过超细粉磨后制得的,细度很小。超细石粉本身是一种惰性掺合料,几乎不参与水化反应。超细石粉的掺入,增加了自密实混凝土的细颗粒量,增大了固体的比表面积与水体积的比例,从而降低了混凝土拌合物的泌水和离析倾向,而且超细石粉能增加拌合物浆体的松软度,从而改变了混凝土的和易性。混凝土拌合物随着石灰石粉掺量的逐步增加,和易性越来越好;同时,随着石灰石粉掺量的增加,自密实混凝土的填充性及间隙通过性逐步变好。但工程实践证明,当其掺量大于胶凝材料总质量的 20% 时,自密实混凝土中易出现黏性增大、流动性减缓现象,混凝土拌合物的和易性、力学性能及经济性均略有降低。在石灰石粉掺量范围内,将骨料级配与石灰石粉相结合,选择骨料最佳级配和合理砂率来配制混凝土,可以更加有效地增加混凝土的密实性,减少质量缺陷,还改善了工作性、耐久性、力学性能及工程实体感观,提高了自密实混凝土拌合物和易性、可泵性及工作效率。

掺用矿物掺合料的目的是调节混凝土的施工性能,提高混凝土的耐久性,降低混凝土的水化温升。不同的矿物掺合料对混凝土工作性和物理力学性能、耐久性所产生的作用既有共性,又不完全相同。根据复合材料的"超叠效应"原理,可依据混凝土所处环境、设计要求、施工工艺要求等因素,经试验确定矿物掺合料的种类及用量,取长补短,全面改善自密实混凝土拌合物的需水量及和易性,提高混凝土硬化体的强度,减少收缩,提高耐久性。

自密实混凝土中掺用常用矿物掺合料的质量应符合现行国家标准规定,掺量应通过试验确定,当采用其他品种矿物掺合料时,必须有充足的技术依据,并应在使用前进行试验验证。有抗渗要求的自密实混凝土宜掺用矿物掺合料。配制高强自密实混凝土时,应掺用活性较好的矿物掺合料,且宜复合使用矿物掺合料。泵送自密实混凝土宜掺用粉煤灰或其他活性矿物掺合料。大体积自密实混凝土应掺用可减小水泥水化热的掺合料。

1.2　骨料和水

自密实混凝土对骨料的要求很高,必须考虑自密实混凝土拌合物的流动性、离析、泌水等因素。颗粒越接近圆形,针、片状含量越少,级配越好,比表面积就越小,空隙率就越小,混凝土拌合物的流动性、抗离析性及自密实性就好,故宜选用粒径较小(5~20 mm)、自然堆积空隙率小、针片状含量小(质量分数≤5%)、级配较良好的粗骨料。

1.2.1 粗骨料

粒径大于 4.75 mm 的骨料称为粗骨料。常用的粗骨料有天然卵石和人工碎石两种。在满足自密实混凝土性能的前提下,可根据优质、经济、就地取材的原则选择天然骨料、人工骨料或两者混合使用来制备自密实混凝土。

粗骨料常含有有害杂质,如黏土、硫化物及硫酸盐、有机物等,其含量应严格控制。重要的混凝土工程所用粗骨料,必须进行碱活性检验。自密实混凝土用粗骨料各项指标要求类似于普通混凝土用粗骨料。

粗骨料的粒形、尺寸和级配对自密实混凝土拌合物的和易性,尤其是对拌合物通过间隙的能力影响很大。粗骨料中公称粒径的上限称为最大粒径。当骨料粒径增大时,其比表面积减小,用以包裹其表面和填充其空隙的砂浆用量相应减少。因此,在条件允许的情况下,选用较大粒径的粗骨料,有利于节约水泥。但工程实践表明,粗骨料的粒径受结构形式、配筋疏密及搅拌等施工条件的限制。对于水泥用量较小的大体积自密实混凝土工程,选用最大粒径较大的粗骨料,有利于提高混凝土密实度和强度。粗骨料的最大粒径越大,自密实混凝土拌合物的流动性和通过间隙的能力就越差,但如果粒径过小,自密实混凝土的强度和弹性模量将降低很多。为了保证自密实混凝土拌合物有足够的黏聚性、抗堵塞性、强度和弹性模量,粗骨料的最大公称粒径不宜大于 20 mm;对于结构紧密的竖向构件、复杂形状的结构以及有特殊要求的工程,粗骨料的最大公称粒径不宜大于 16 mm。欧洲自密实混凝土指南中,对配筋密集、形状复杂的结构或有特殊要求的工程,要求自密实混凝土坍落扩展度为 760~850 mm 或在 850 mm 以上,粗骨料的最大粒径不宜大于 16 mm。

粗骨料宜采用连续级配或 2 个及以上单粒径级配搭配使用,如果骨料级配不好,自密实混凝土的黏聚性不够,容易产生离析、泌水现象。粗骨料级配的优劣对于节约水泥和保证自密实混凝土的质量有着重要的意义。

粗骨料的颗粒越接近球形,针、片状含量越少,级配越好,比表面积就越小,空隙率就越小,自密实混凝土拌合物的流动性和抗离析性、自密实性就好。

粗骨料的含泥量及泥块含量对自密实混凝土和易性影响严重,泥颗粒较小且多孔,对外加剂的吸附量大,增加了混凝土拌合物的需水量。泥颗粒包裹在粗骨料表面,形成薄弱的界面层,降低了浆体和骨料之间的黏结强度。

粗骨料在自密实混凝土中起骨架作用,必须有足够的强度和坚固性。其强度直接影响自密实混凝土强度的高低。一般自密实混凝土用粗骨料的强度与混凝土强度等级之比不小于 1.5;中高强度自密实混凝土应大于 2.0。有抗冻要求的自密实混凝土用粗骨料,应具有在冻融作用下抗碎裂的能力,其坚固性必须合格。

粗骨料的强度可用岩石抗压强度或压碎指标两种方法表示,卵石的强度只用压碎指标表示。当自密实混凝土强度等级为 C60 及以上时,应采用岩石抗压强度检验。在选择采石场或对粗骨料强度有严格要求或对质量有争议时,宜用岩石抗压强度做检验。对于工程中经常性的质量控制则可用压碎指标值进行检验。有抗冻要求的自密实混凝土用粗骨料,要求用硫酸钠溶液法去检验其坚固性。

自密实混凝土如果采用轻粗骨料,则宜采用连续级配,性能指标应符合表 1.1 的规定,其他性能及试验方法应符合国家现行标准《轻集料及其试验方法　第一部分:轻集料》(GB/T 17431.1)和《轻骨料混凝土技术规程》(JGJ 51)的规定。

表 1.1　轻粗骨料的性能指标

项目	密度等级	最大粒径	粒型系数	24 h 吸水率
指标	≥700	≤16 mm	≤2.0	≤10%

轻粗骨料吸水率的大小,不仅影响轻骨料自密实混凝土的性能,还将影响正常泵送施工。陶粒的吸水率过大,导致拌合物坍落扩展度损失过快,影响自密实混凝土自密实性能。当采用密度等级过低的轻骨料配制自密实混凝土时,混凝土拌合物易产生离析,因此,轻粗骨料密度等级不宜低于 700 级。轻骨料最大粒径、粒型系数按行业标准《轻骨料混凝土技术规程》(JGJ 51)相关要求严格取值,规定最大粒径不大于 16 mm、粒型系数不大于 2.0。

1.2.2　细骨料

细骨料颗粒的直径为 0.15~4.75 mm。细骨料包括天然砂和人工砂。

为保证自密实混凝土的质量,必须对细骨料性能进行限制,具体要求同普通混凝土用细骨料。

配制自密实混凝土时多采用河砂,一般表观密度为 $2.6 \sim 2.7$ g/cm³。为了保证良好的流动性和黏聚性,自密实混凝土拌合物中砂浆的含量必须足够大,砂率也就较大。为了减小用水量,细骨料宜采用级配 2 区的中砂(偏粗中砂为宜),要保证 0.63 mm 筛的累计筛余大于 70%,0.315 mm 筛的累计筛余为 90% 左右,而 0.15 mm 筛的累计筛余大于 98%。同时砂中所含细小颗粒量对自密实混凝土的流变性能非常重要,一般不能太少。

由于资源条件等因素,人工砂在近年来用量日益增加。与天然砂相比,人工砂颗粒粗糙,尖锐多棱角,细度模数大,石粉含量高,级配不够理想。特别是,人工砂含有适量的石粉可以改善混凝土拌合物的和易性,但一旦过量,会因石粉吸附水过多,而导致混凝土拌合物的流动性变差。人工砂中石粉含量应符合行业标准《普通混凝土用砂、石质量及检验方法标准》(JGJ 52)和《人工砂混凝土应用技术规程》(JGJ/T 241)相关规定,见表 1.2、1.3。

表 1.2 《普通混凝土用砂、石质量及检验方法标准》中石粉含量规定

混凝土强度等级		≥C60	C55~C30	≤C25
石粉含量 (质量分数)/%	$MB<1.4$	≤5.0	≤7.0	≤10.0
	$MB≥1.4$	≤2.0	≤3.0	≤5.0

表 1.3 《人工砂混凝土应用技术规程》中石粉含量规定

混凝土强度等级		≥C60	C55~C30	≤C25
石粉含量 (质量分数)/%	$MB<1.4$(合格)	≤5.0	≤7.0	≤10.0
	$MB≥1.4$(不合格)	≤2.0	≤3.0	≤5.0

若 MB 值降低至 1.0 附近,细小颗粒以粉为主,而含泥量低,即使石粉含量达到 15%,人工砂的含泥量仍然合乎标准要求。当 MB 值小于 1.0 时,经试验确保混凝土质量条件下,配制 C25 及以下等级混凝土时,石粉含量(质量分数)可放宽到 15%。

1.2.3 水

自密实混凝土拌合水应符合现行行业标准《混凝土拌合用水标准》

(JGJ 63)的要求。若采用循环水或混凝土生产过程中的回收水,应注意使用的类型,特别是悬浮颗粒的含量,不然会影响不同批次的混合均匀性。

1.3 化学外加剂

1.3.1 减水剂

与普通混凝土相比,自密实混凝土对外加剂的质量和用量有更高的要求,包括能使混凝土拌合物具有优良的流化性能、保持流动性的性能、良好的黏聚性和泵送性、合适的凝结时间与泌水率,能提高混凝土的耐久性,对混凝土结构的力学性能和变形性无不良影响。因此它不是一种简单的减水剂,而是一种多功能的复合外加剂,具有减水、保塑、保水、增粘、减少泌水离析、抑制水泥早期水化放热等多功能。常用的外加剂包括高效减水剂、缓凝剂、早强剂、引气剂、增稠剂、絮凝剂等。

自密实混凝土由于要求流动性高,黏聚性、保水性好,浆体量大,所需拌合水量大,为了降低用水量,从而降低胶凝材料的用量,且保证混凝土具有足够的强度,就必须掺加高效减水剂,以获得较低的水灰比。高效减水剂是配制自密实混凝土的关键材料,减水率要求达到 20% 以上,掺量应在 1%(质量分数)以上。高效减水剂对自密实混凝土性能有决定性影响。高效减水剂使水泥等微小颗粒均匀分散于水中形成浆体,骨料通过浆体浮力和黏聚力悬浮于水泥浆中。一般来说,自密实混凝土中宜选用聚羧酸类高性能减水剂,其质量应符合现行国家标准《混凝土外加剂》(GB 8076)和《混凝土外加剂应用技术规范》(GB 50119)的要求,但 28 d 收缩率比不宜大于 100%。

1.3.2 其他外加剂

在自密实混凝土拌合物中,引气剂引进了大量微小且独立的气泡,这些气泡如滚珠一样使混凝土的和易性得以改善,尤其在骨料粒形不好的碎石或人工砂混凝土中。引气剂使混凝土拌合物中的骨料与水泥浆的黏聚性增大,使它们的离散性减弱,使拌合物更好地处于均质状态,使拌和用的水分能更长时间地停留在水泥浆中,减少了泌水。

增稠剂是一种可以增加混凝土拌合物稠度的外加剂。当自密实混凝土需要增加稠度时,可以掺加增稠剂。增稠剂包括无机增稠剂、纤维素醚、天然高分子及其衍生物、合成高分子等。最常用的增稠剂是纤维素醚和甲基纤维素醚。

根据工程的实际情况,为了增加混凝土结构的密实性和耐久性,还可掺入一定量的混凝土膨胀剂。

其他外加剂不再赘述,可参考其他相关资料。

自密实混凝土中使用的外加剂应符合现行国家标准《混凝土外加剂》(GB 8076)和《混凝土外加剂应用技术规范》(GB 50119)的有关规定。掺用增稠剂、絮凝剂等其他外加剂时,应通过充分试验进行验证,其性能应符合国家现行有关标准的规定。

1.4 纤 维

1.4.1 钢纤维

钢纤维是以切断细钢丝法、冷轧带钢剪切、钢锭铣削或钢水快速冷凝法制成长径比(纤维长度与其直径的比值,当纤维截面为非圆形时,采用换算等效截面圆面积的直径)为 30~100 的纤维。为了增强混凝土性能,可加入长度和直径在一定范围内的细钢丝。掺加钢纤维的自密实混凝土与不掺加的相比,钢纤维混凝土抗拉强度、抗弯强度、耐磨、耐冲击、耐疲劳、韧性、抗裂、抗爆等性能都可得到提高。大量钢纤维均匀地分散在混凝土中,与混凝土接触的面积很大,自密实混凝土的各项性能在所有的方向都得到改善。

1.4.2 合成纤维

合成纤维是化学纤维的一种,是用合成高分子化合物做原料而制得的化学纤维的统称。与不掺加合成纤维的自密实混凝土相比,掺加合成纤维的自密实混凝土具有较高的抗拉与抗弯极限强度,尤以韧性提高的幅度为大。

自密实混凝土加入钢纤维、合成纤维时,其性能应符合现行行业标准《纤维混凝土应用技术规程》(JGJ/T 221)的规定。

第2章 自密实混凝土结构及形成

自密实混凝土与普通混凝土相比,其原材料基本类似。但是由于自密实混凝土胶凝材料掺量相对较大,混凝土内部的均匀性较好,其结构与普通混凝土又存在一定的区别。

2.1 混凝土结构

2.1.1 微观结构

自密实混凝土的组成是影响其微观结构的主要因素,而混凝土微观结构与其宏观性能存在直接的相关性。通过自密实混凝土、高性能混凝土以及普通混凝土的微观结构比较发现,自密实混凝土的总孔隙率、孔径分布、临界孔径与高性能混凝土相似;而自密实混凝土中的氢氧化钙含量与高性能混凝土、普通混凝土存在明显区别。自密实混凝土中骨料与基体界面过渡区的宽度与普通混凝土基本相同,为 $30\sim40~\mu m$。但自密实混凝土中骨料上方界面过渡区与骨料下方界面过渡区的弹性模量几乎相等,而普通混凝土中骨料上、下方界面过渡区的弹性模量差异较大。总之,自密实混凝土具有更为密实、均一的微观结构,这对于其耐久性能而言意义重大。

2.1.2 宏观结构

与普通混凝土一样,自密实混凝土宏观结构为堆聚结构,主要是由骨料和胶凝材料硬化体组成的二相复合材料。

由于自密实混凝土流动性较大,因固体粒子的沉降造成的离析分层现象同样存在,如图 2.1 所示,一般分为内分层和外分层。其中,在配合比不合理情况下,外分层会造成混凝土拌合物较严重的离析和泌水,造成自密实混凝土硬化体表层存在较大厚度的纯胶凝材料硬化体及砂浆硬化体。内分层主要是由于粗骨料下方的细骨料下沉,使得靠近粗骨料的部分存在较多的稀浆体或水分,产生薄弱的界面过渡层。

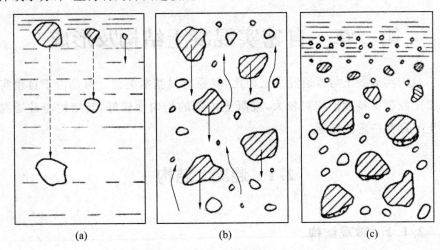

图 2.1　自密实混凝土离析分层现象示意图

2.2　结构形成

2.2.1　结构形成机理

自密实混凝土拌合物能够在自重作用下,不需要或少量振捣即可以充满模具,属于高性能混凝土的一种。该混凝土流动性好,具有良好的施工性能和模具填充性能,在输送和浇筑过程中骨料不离析,混凝土硬化后的力学性能和耐久性优异。

与普通泵送混凝土相比,自密实混凝土的流动性要大,抗离析性能要强,尺寸稳定性稍差(收缩大),因此自密实混凝土采用如下的原理解决上述矛盾。

根据流变学理论,混凝土拌合物基本属于宾汉姆流体,其流变方程为

$$\tau = \theta_t + \eta_p (dv/dt) \tag{2.1}$$

式中　τ——剪切应力;

θ_t——屈服剪切应力;

η_p——塑性粘度;

dv/dt——速度梯度。

$θ_t$ 就是阻止混凝土拌合物发生塑性变形的最大应力。当外力作用使混凝土拌合物内部产生的剪切应力 $τ≥θ_t$ 时,混凝土拌合物就会流动。$η_p$ 则是混凝土拌合物内部阻止其自身产生流动的一种性能。$η_p$ 越小,在相同外力作用下混凝土拌合物流动速度越快。由此可见,屈服剪切应力 $θ_t$ 和塑性粘度 $η_p$ 是决定混凝土拌合物和易性的两个主要流变参数。

普通混凝土在施工中采用机械振捣,产生的触变作用使 $θ_t$ 大幅度减小,从而使在振动影响区内的混凝土拌合物呈液态化,产生流动并密实成型。自密实混凝土则是通过外加剂和矿物掺合料改善胶凝材料级配、粗细骨料的选择和配合比设计,使 $θ_t$ 变得足够小,而同时塑性粘度 $η_p$ 又适宜,此时粗细骨料会悬浮于水泥浆体中,不会出现离析和泌水现象,并且混凝土拌合物在自身重力影响下,能够自由流动,将施工模板内的空间充分填充,形成的结构密实且均匀。

如果将自密实混凝土拌合物视为骨料(固)和浆体(液)两相组成的物质。固、液两者相比,液体具有更大的变形能力,固体具有更大的抗剪能力。如果固体和液体间不存在相互作用,那么混凝土拌合物的浆体和骨料将类似单相那样一起变形流动。当固、液两相间产生相对速度时,就产生作用在两相间的抗剪力。实际上混凝土中的浆体不只是起到填充骨料之间空隙的作用,同时还影响固体颗粒接触摩擦的应力。当浆体具有适宜的黏性时,浆体和骨料之间的粘着力增加,混凝土抵抗骨料和浆体相对移动的能力也随之提高,从而抑制了骨料聚集和阻塞。在变形流动过程中,自密实混凝土拌合物表现近似液体。若浆体的黏性过大,虽然不会发生离析,但是混凝土拌合物与模板、钢筋之间的粘着力过大,流动性会大大降低,自填充性随之变差。若浆体黏性过小,骨料和浆体的粘着力过小,混凝土抵抗骨料与浆体相对移动的能力减弱,颗粒接触应力增大,从而容易发生离析,骨料聚集,自填充性变差。因此,浆体的黏性是影响混凝土屈服剪应力和塑性粘度的重要因素。

Ouchi 认为,决定混凝土拌合物自密实性的主要因素为粗骨料占固体体积的比例、粗骨料级配、砂浆的变形性与粘度以及砂浆的压力传递性能等。要想实现混凝土自密实,首先必须分散水泥等微小颗粒,破坏其加水拌和后形成的絮凝结构,释放其中的拌合水。水泥等微小颗粒间的相互滑动能力增强,而约束混凝土自发产生流动的屈服剪切应力 $θ_t$ 降低。有效控制用水量的同时,使混凝土拌合物在自身重力作用下,获得较高的流动性能,成型密实,进而保证了混凝土硬化体的力学性能与耐久性的要求。另外,自密实混凝土必须具有良好的抗离析、泌水性能。大量的工程实践证明,如果混凝土拌合物发生离析,其在通过钢筋绑扎间隙时,粗骨料会大量聚集,进而阻塞间隙。混凝土拌合物离析的主要原因在于 θ_t 和 η_p 都过小,混凝土拌合物中粗骨料与水泥砂浆相对移动的能力增大,进而容易产生分离。由此可知,屈服剪切应力 θ_t 和塑性粘度 η_p 不但影响了混凝土拌合物的流动能力,而且还决定了其抵抗离析的能力。只有在适宜的屈服剪切应力 θ_t 和塑性粘度 η_p 下,混凝土拌合物才能既具有良好的流动性,又不会产生明显的离析、泌水现象。因此必须合理平衡其屈服剪切应力 θ_t 和塑性粘度 η_p 值,才能做到自密实。

2.2.2　结构形成途径

1. 技术途径

　　自密实混凝土的配制就是通过外加剂、胶凝材料、粗细骨料的选择和配合比设计,将混凝土的屈服剪切应力 θ_t 减小到能够被其自身重力产生的剪应力克服。使混凝土流动性增大的同时,确保足够的塑性粘度,使骨料悬浮于水泥浆中,不离析、不泌水,且能够自由流淌,并充分填充满模板内的空间,形成密实且均匀的整体。主要技术途径包括:

　　(1)掺加高质量的混凝土外加剂。其中高效减水剂是一种液-固界面的表面活性剂,对水泥等微小颗粒具有优异的分散作用,高效减水剂吸附在水泥等微小颗粒界面,形成双电层,使水泥等微小颗粒间产生静电斥应力,进而破坏其加水拌和形成的絮凝结构,释放其中的拌合水。水泥等微小颗粒间的相互滑动能力增大,而约束混凝土自发产生流动的屈服剪切应力 θ_t 降低。高效减水剂的减水率最好大于等于 25%。同时还要掺加缓凝剂等外加剂,做到必须能够与水泥的相容性良好,缓凝、保塑满足要求。

　　(2)掺加适量矿物掺合料。矿物掺合料的掺入,增加了自密实混凝土的细颗粒量和级配,增加了拌合物浆体的松软度,降低了屈服剪切应力 θ_t。同时增大了固体的比表面积与水体积的比例,改善了混凝土拌合物的抗泌水和抗离析能力,有效调节了混凝土拌合物的塑性粘度 η_p。在调节混凝土拌合物的流变性能的同时,提高了拌合物中的浆骨比,改善了和易性和匀质性,减少了粗细骨料颗粒之间的摩擦阻力,提高了混凝土的间隙通过能力。

(3)选择适宜的骨料种类及用量。适当增加砂率、控制粗骨料粒径小于等于 20 mm 和用量,以减少遇到阻力时浆骨分离的可能,增加拌合物的抗离析稳定性。混凝土拌合物的浆骨比和砂率值,对混凝土的自密实能力有很大的影响。浆骨比越大时,拌合物的流动性越好,但浆骨比过大会影响混凝土硬化后的体积稳定性。砂率对于自密实混凝土十分重要。只有当砂率适宜时,粗骨料周围有足够的砂浆包裹,在通过间隙时才不易产生聚集、影响模具填充和密实成型,从而使混凝土拌合物通过间隙的能力得以提高。

(4)可以掺入适量混凝土膨胀剂,增加混凝土的自密实性。在提高混凝土拌合物黏聚性的同时,防止由于浆体量大造成的混凝土硬化后产生收缩裂缝,提高混凝土的抗裂能力,改善外观质量。

(5)在配制强度等级较低的自密实混凝土时,可适当使用增稠剂以增加拌合物的粘度。

(6)按结构耐久性及施工工艺要求,选择掺合料和引气剂品种及用量。

Okamura 等人认为,通过限制骨料的含量、选用低水胶比及添加高效减水剂等措施,可使混凝土拌合物达到自密实性要求;并为预拌混凝土工厂制定了如下配制自密实混凝土的技术原则:

(1)混凝土中粗骨料占总骨料体积的 50%。

(2)细骨料占砂浆体积的 40% 左右。

(3)水与胶凝材料体积比根据胶凝材料性质调整,为 0.9~1.0。

(4)依据拌合物的自密实性,确定超塑化剂的掺量和最终的水胶比。

自密实混凝土的设计理念与常规混凝土最大的差别在于,自密实混凝土在配合比设计上用粉体取代了相当数量的粗骨料,通过高效减水剂的分散和塑化作用,使浆体具有优良的流动性和黏聚性,能够有效地包裹、运输粗骨料,从而达到自密实的效果。

自密实混凝土的配合比设计,需要充分考虑自密实混凝土拌合物流动性、抗离析性、自填充性、浆体用量和体积稳定性之间的相互关系及其矛盾。自密实混凝土拌合物的性能主要取决于浆体和骨料的性质及含量。当骨料的性质及含量一定时,优化浆体的塑性粘度、屈服剪切应力,即可获得满意的拌合物和易性。

2. 技术参数

随着矿物掺合料、高分子技术在混凝土中应用的发展，现今自密实混凝土的配制技术途径基本分成了三类，包括矿物掺合料（填料）体系、增稠剂体系以及两者并用体系。配制自密实混凝土的主要参数如下：

(1) 水胶比。

一般都认为低强混凝土的水胶比和抗压强度关系也适应于高性能混凝土。混凝土配合比设计公式为

$$f_{cu,o} = A f_{ce}(C/W - B) \tag{2.2}$$

式中　$f_{cu,o}$——混凝土试配强度，MPa；

　　　f_{ce}——水泥实际强度，MPa。

日本预拌混凝土联合会提出的自密实混凝土的配合比设计方法中，通过水泥浆试验来确定体积水胶比。该方法立足于实际采用的材料，水泥不同，结果不同。确定水胶比后，可根据实际需要通过掺合料调节混凝土强度。欧盟（EFNARC）SCC 规范和指南中推荐的体积水胶比为 0.8～1.10，比冈村甫提出的 0.9～1.0 稍大，这与按混凝土配比设计规程中水胶比公式算所得的 C40～C60 混凝土的体积水胶比大致相同。对于 C30 混凝土，当有耐久性要求时，应按小于 0.4 取定水胶比，通过不同的掺合料用量来调整强度。

(2) 浆骨比。

Mehta 和 Aitcin 认为，要使高性能混凝土同时具备最佳的施工和易性和力学性能，水泥浆与骨料的体积比为 35：65，这是全计算法获取浆骨比值的依据。但是由于自密实高性能混凝土对流变性能要求很高，使得其配合比中应当有更小的骨料体积和足够的砂浆量，按照固定砂石体积含量法计算的配合比中浆骨比要明显高于 35：65，浆体体积分数可达 32%～40%。

(3) 粗细骨料体积及矿物掺合料掺量。

欧盟（EFNARC）SCC 规范和指南中指出，粗骨料体积约为拌合物的 28%～35%，松堆体积分数达 50%～60%，砂在砂浆中体积分数为 40%～50%。矿物掺合料体积掺量为 30%～60%。根据全计算法计算所得到的砂率随用水量的降低而降低，当强度等级高于 C30 时所得砂率偏小，粗骨料的松堆体积偏大，导致浆体含量较少，必须加以修正。

配制自密实混凝土应首先确定混凝土配制强度、水胶比、用水量、砂率、

矿物掺合料等主要参数,再经过混凝土性能试验强度检验,反复调整各原材料参数,最终确定混凝土配合比。自密实混凝土配合比的突出特点是:高砂率、低水胶比、高矿物掺合料掺量。

由于自密实混凝土的胶凝材料用量较多、砂率较大,其受力和变形性能方面容易出现一些问题。为了保障自密实混凝土结构的安全性和经济适用性,应对其配合比进一步优化。严把原材料质量关,优化骨料级配。在保证自密实混凝土和易性的同时,尽量降低胶结料用量,尽量降低砂率。调整自密实混凝土拌合物中矿物掺合料的掺量,充分发挥其形态效应,增加混凝土拌合物的和易性。根据所使用水泥品种的不同,选择适应性好的外加剂,通过复配技术满足工程要求。以混凝土靠自身重力均匀成型为前提,降低胶凝材料总量、降低砂率以提高混凝土体积稳定性,同时降低造价。

自密实混凝土的配制与普通混凝土相比有很大差别。普通混凝土设计的基本原理和配制方法要遵照强度原则和耐久性原则,但是高性能混凝土配合比设计,注重改善混凝土的内部结构,在确保混凝土强度和耐久性的基础上,使其某一性能有突出表现,以满足某种特殊需要。配制自密实混凝土的关键就是在保证所需强度和耐久性的前提下,获取可不振捣、必要时可少振捣的,抗离析能力突出的高流动性混凝土拌合物。

自密实性能的实现需要使用高效减水剂和大量的粉体材料。我国目前的自密实混凝土技术水平参差不齐,性能水平还存在一定的差异。自密实混凝土技术是一种着眼于混凝土和易性的技术,应采用坍落度、扩展度、扩展时间、J环扩展度等联合测定,混凝土填充性、间隙通过性、抗离析性是评定自密实混凝土自密实性的主要指标。在保证了自密实性能的基础上,应当针对不同需求的混凝土给出不同的自密实混凝土配合比设计解决方案,包括不同的强度等级、不同的抗渗等级、大体积混凝土施工等。我国幅员辽阔,即使是具有相同要求的自密实混凝土,由于地域差异、原材料的不同,配制方案也不同。

第3章　自密实混凝土的配合比设计

3.1　基本要求

混凝土配合比设计是指确定各种原材料的组成及其比例,使其达到预定目标性能的设计方法。与普通混凝土不同,自密实混凝土的关键是在新拌阶段能够在自身重力作用下填充模具、密实成型,而不需额外的人工振捣,即自密实性。自密实性主要包括填充性、间隙通过性以及抗离析性三个方面。自密实混凝土拌合物的自密实过程为:粗骨料悬浮在具有足够粘度和变形能力的砂浆中,在自重的作用下,砂浆包裹粗骨料一起沿模板向前流动,通过钢筋间隙进而形成均匀密实的结构。

自密实混凝土配合比设计的目的是使各要素和硬化前后的各性能之间达到矛盾的统一。它首先要满足和易性的需要,和易性的关键是抗离析的能力和填充性;其次混凝土凝结硬化后,其力学性能和耐久性指标也应满足实际要求。

当具有很高流动性的混凝土拌合物流动时,在拥挤和狭窄的部位,粗骨料颗粒在频繁的接触中很容易成拱,阻塞流动。低粘度的砂浆在通过粗骨料的空隙时,其中的砂颗粒很可能被阻塞在粗骨料之间,而只有浆体或水通过。因此混凝土拌合物的起拱、堵塞是与离析、泌水密切相关的。自密实混凝土拌合物要想具备良好的流变性能必须注意以下两点:

(1)粗骨料含量较少。

粗骨料含量对控制自密实混凝土离析至关重要。混凝土拌合物中粗骨料含量少,则其对流动堵塞的抵抗能力就较高。自密实混凝土拌合物堵塞示意图如图3.1所示。但是粗骨料含量又不能过少,否则会使混凝土硬化后的弹性模量下降,并产生较大的收缩。因此在满足和易性要求的前提下应当尽量增加粗骨料用量。

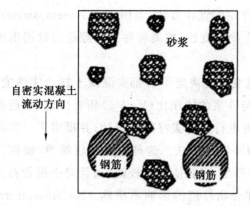

图 3.1 自密实混凝土拌合物堵塞

(2)砂浆具有足够粘度。

对于砂浆来说,由砂和水泥浆两相组成。砂在砂浆中的体积含量超过一定值时,堵塞随砂体积含量的增加而增加。当砂体积含量过小时,虽可保证不堵塞,但砂浆的收缩却会随体积的减小而增大,故砂浆中砂的体积含量也应适宜。同时砂浆的粘度也与水泥浆浓度有关。对于浆体来说,由胶凝材料和水两相组成。水胶比越大,浆体浓度越低,混凝土拌合物流动性好,但其强度降低。为了保证混凝土具有足够的强度和良好的耐久性,水胶比应予以控制,并掺用超细矿物掺合料来调节。

3.2 设计方法

自密实混凝土拌合物的自密实性,是进行自密实混凝土设计的重要基础,为硬化混凝土的性能提供了重要保证。现今已有的自密实混凝土设计方法大部分是以此为基础的。日本东京大学最早进行了自密实混凝土的设计研究,提出了自密实混凝土模型法(prototype method),后来日本、泰国、荷兰、法国、加拿大、中国等国的学者进一步进行了自密实混凝土的设计方法研究。最初的设计方法归纳起来可以分为以下三类。

(1)以自密实混凝土拌合物的流变性、间隙通过性以及抗离析性的理论分析为依据,结合试验测试结果,建立拌合物流变性、抗离析性、间隙通过性与其配合比参数之间的经验关系。如日本学者 Edanatsu 等人提出的基于砂浆流变性及其与粗骨料之间相互作用的设计方法；泰国学者 Kasemsamrarm 等人提出的基于自密实混凝土拌合物流变性、抗离析性及间隙通过性提出的设计方法等。

Edanatsu 等人认为：砂浆的流变性能决定了自密实混凝土拌合物性能。因此将自密实混凝土拌合物中砂与砂浆的体积比（V_s/V_m）相对固定，然后参照普通混凝土配合比设计方法即可进行自密实混凝土设计；并提出了一种测定砂浆流变性能和粘度的 V 形漏斗测定方法。这种模型比较简单，操作简便。然而，这种设计方法理论依据不足，实验依赖性较强，而且对于粗骨料含量、性质等参数对自密实混凝土拌合物性能的影响不明确。Kasemsamrarm 等人认为影响自密实混凝土拌合物的自密实性的关键因素是拌合物的自由水含量、粉体与骨料的保水性及固体颗粒的有效表面积，并由此建立了这些参数与变形能力、变形速度、离析等之间的经验模型。只是混凝土拌合物体系组成非常复杂，很难用数学公式对其自由水含量、固体颗粒的有效表面积等参数进行精确量化，而且仅以泌水量反映拌合物的离析性能似乎缺乏足够的说服力。

（2）基于各组分对自密实混凝土拌合物工作性贡献的理论分析，提出的自密实混凝土设计方法。如 Sedran 等人开发的可压缩密实模型（compressible packing model，CPM）；还有基于过剩浆体理论提出了过剩浆体层厚度与粘度系数、屈服剪切应力经验关系的流变模型；以及基于经济性、耐久性提出了最小浆体体积的自密实混凝土设计方法等。

Sedran 等人提出的 CPM 模型主要根据自密实混凝土拌合物流变性能与混合物体系密实度、超塑化剂等参数之间的理论分析，并考虑计算的精确性和快速化，开发了一套配合比设计软件，其建立的模型为

$$\mu = \exp\left[45.88\left(\frac{\varphi}{\varphi^*} - 0.851\,2\right)\right] \tag{3.1}$$

$$\tau = \exp\left\{a_0 + \left[a + b\left(1 - \frac{S_p}{S_p^*}\right)^m\right]\sum K_i + \sum[0.736 - 0.216\lg d_i]K_i\right\} \tag{3.2}$$

式中　μ、τ ——粘度、屈服剪切应力；

a_0、a、b、m ——与超塑化剂有关的常数；

S_p、S_p^* ——超塑化剂掺量及其饱和点掺量，下标 p 表示超塑化剂；

K_i——与颗粒混合物体系有关的密实指数；

d_i——颗粒粒径，下标 i 表示第 i 级尺寸的颗粒。

该模型采用计算机处理，工作量大大减少。但是，该模型需要进一步建立混凝土拌合物的流变性能与实际工程应用中和易性参数之间的联系，以利于现场施工控制与应用。而且，由于原材料参数的复杂性，需要建立适用于由更广泛性的原材料组成的混合物流变模型，并考虑其变异性，这些都是十分烦琐且不易完成的。

（3）由于混凝土拌合物组成的复杂性及其对混凝土拌合物性能的高要求，导致理论计算分析与模拟的不确定性和困难。因此，有关学者提出了基于大量试验统计关系的自密实混凝土配合比设计方法，即通过积累大量的试验数据，建立原材料配比参数与混凝土性能之间的经验关系。然而，此方法工作量非常巨大，需要进行大范围的相关数据的收集累积，建立相关的数据库，以提高模型的普遍适应性。

上述三种方法在全面反映自密实混凝土拌合物性能及其在体现混凝土和易性、强度等级与耐久性之间的相互协调关系或实用性等方面存在差距，所以没有获得普遍的认同。

3.3　设计步骤

近年来，行业内常用的自密实混凝土配合比计算方法一般有两种。一种是直接引用高性能混凝土配合比计算的方法——全计算法，而另一种是固定砂石体积含量的计算方法。

全计算法设计原理是由假定的混凝土体积模型：混凝土各组成材料（包括固、气、液三相）具有体积加和性，石子的空隙由干砂浆填充，干砂浆的空隙由水填充，干砂浆由水泥、矿物掺合料、砂和空隙组成，经过数学推导，得出混凝土每立方米用水量和砂率的计算公式，再结合传统的水灰比定则，即可全面定量出混凝土中各组分的用量。从而实现了自密实高性能混凝土配合比设计从半定量走向全定量的全计算。

全计算法中混凝土配制强度和水胶比的计算与普通混凝土相同，经体积模型推导得出的用水量公式与砂率公式如下。

用水量公式为

$$V_w = \cfrac{V_e - V_a}{1 + \cfrac{1}{1 + [\rho c(1-\varphi) + \varphi \rho_f]} \cdot \cfrac{m_c + m_f}{m_w}}$$ (3.3)

式中　V_e、V_a——浆体体积和空气体积，m^3；

　　　ρ_c、ρ_f——水泥的密度和粉煤灰的密度，kg/m^3；

　　　$\dfrac{m_c + m_f}{m_w}$——胶水比；

　　　φ——掺合料（粉煤灰）的体积分数。

砂率计算公式为

$$S_p = \frac{(V_{es} - V_e + V_w)\rho_s}{(V_{es} - V_e + V_w)\rho_s + (1\ 000 - V_{es} - V_w)\rho_g}$$ (3.4)

式中　V_{es}——干砂浆体积，m^3；

　　　ρ_s、ρ_g——砂、石表观密度，kg/m^3。

固定砂石体积含量计算法是根据自密实混凝土流动性及抗离析性和配合比因素之间的平衡关系，在试验研究的基础上得到的一种能较好适应自密实混凝土特点和要求的配合比计算方法。

常用固定砂石体积含量计算法的计算步骤如下：

（1）设定每立方米混凝土中粗骨料的松堆体积值，得到粗骨料用量和砂浆含量。

（2）设定砂浆中砂体积含量，得到砂用量和浆体含量。

（3）根据水胶比和胶凝材料中的掺合料比例计算得到用水量和胶凝材料总量，最后由胶凝材料总量计算出水泥和掺合料各自的用量。

在实际中，相同原材料参数，分别采用上述两种计算方法获得的自密实混凝土计算配合比有可能存在较大差别。

由于自密实混凝土的特殊性，全计算法存在明显的不适合之处。有文献结合固定砂石体积含量法的特点，对全计算法进行改进后，用于计算自密实混凝土配比。改进后的步骤和公式为：

（1）配制强度为

$$f_{cu,p} = f_{cu,o} + 1.645\sigma$$ (3.5)

式中　$f_{cu,o}$——混凝土设计强度，MPa；

　　　σ——混凝土强度标准差。

（2）水胶比为

$$\frac{m_w}{m_c + m_f} = \frac{1}{\dfrac{f_{cu,p}}{Af_{ce}} + B} \tag{3.6}$$

（3）石子用量为

$$G = \alpha \rho'_g \tag{3.7}$$

（4）砂用量为

$$S = \beta V_m \rho_s \tag{3.8}$$

式中　β——体积系数，$\beta = 0.140 \sim 0.150$；

　　　V_m——砂浆体积，$V_m = 1 - G/\rho_g$。

（5）用水量。

采用式（3.3）计算，其中 $V_e = V_m - S/\rho_s$。

（6）胶凝材料组成与用量为

$$m_c + m_f = \frac{V_w}{m_w / [m_c + m_f]} \tag{3.9}$$

$$m_c = (1-x)(m_c + m_f) \tag{3.10}$$

$$m_f = x(m_c + m_f) \tag{3.11}$$

式中　x——掺合料质量分数；

　　　m_c——水泥用量；

　　　m_f——掺合料用量。

（7）由混凝土流动性、填充性、间隙通过性和抗离析性要求确定高效减水剂的用量。

如此改进后的全计算法在所应用的试验研究中，计算强度等级 C30～C60 的自密实混凝土配合比和固定砂石体积法计算结果较为接近。

2012 年颁布实施的《自密实混凝土应用技术规程》（JGJ/T 283），对自密实混凝土的配合比设计方法及操作规程进行了明确规定。自密实混凝土应根据工程结构形式、施工工艺以及环境因素进行配合比设计，并应在综合考虑混凝土自密实性能、强度、耐久性以及其他性能要求的基础上，计算初始配合比，经实验室试配、调整得出满足自密实性能要求的基准配合比。经强度、耐久性复核得到设计配合比。

确定了拌合物中的粗骨料体积、砂浆中砂的体积、水胶比、胶凝材料中矿物掺合料用量,也就确定了混凝土中各种原材料的用量。鉴于骨料对自密实混凝土自密实性的重要影响,因此在配合比设计中特别给出粗细骨料参数;尽管国外在自密实混凝土配合比设计中给出了水粉比参数,但考虑我国传统混凝土配合比设计常采用水胶比参数;同时,已有标准中给出的水粉比范围较窄(如欧洲自密实规程为水粉体积比 0.85~1.10),而且还需根据不同胶凝材料的表观密度进行换算。因此考虑实用性和有效性,《自密实混凝土应用技术规程》(JGJ/T 283)中沿用水胶比的概念,并给出了水胶比的上限值 0.45。

在其他条件一定的情况下,粗骨料的体积是影响拌合物和易性的重要因素。大量研究结果表明,1 m³混凝土中粗骨料体积宜控制在 0.28~0.35 m³。过小则混凝土弹性模量等力学性能显著降低,过大则拌合物的工作性显著降低,不能满足自密实性能的要求。

粗骨料和砂浆共同组成了自密实混凝土,因此确定了粗骨料体积就可得到每立方米自密实混凝土中的砂浆体积。

砂浆中砂的体积分数显著影响砂浆的稠度,从而影响自密实混凝土拌合物的和易性。大量试验研究表明,自密实混凝土中所含砂浆中砂的体积分数为 0.42~0.45 较为适宜,过大则混凝土的工作性和强度降低,过小则混凝土收缩较大,体积稳定性不良。使用其他类型的砂,其最佳砂率应由试验确定。

为改善混凝土自密实性能、水化温升特性、强度及收缩等性能,须掺入适当比例的矿物掺合料,实践表明其总质量掺量不宜少于 20%的总胶凝材料用量。

自密实混凝土与普通混凝土相同,其配制强度对生产施工的混凝土强度应具有充分的保证率。自密实混凝土的强度确定仍采用与普通混凝土相似的方法。

为使混凝土水胶比计算公式更符合普遍掺加矿物掺合料的技术应用情况,结合大量的国内外实践经验和试验验证,采用矿物掺合料胶凝系数和相应的混凝土强度进行统计分析。充分考虑矿物掺合料对体系的强度贡献,从而计算出水胶比。实践表明,该公式适用于水胶比为 0.25~0.45。Ⅰ级或Ⅱ级粉煤灰掺量应小于等于 30%(质量分数),掺合料胶凝系数为 0.4;矿渣粉掺量应小于等于 40%(质量分数),掺合料胶凝系数为 0.9。

　　根据每立方米自密实混凝土中胶凝材料用量以及确定的水胶比,即可计算得到每立方米用水量,一般而言自密实混凝土的用水量不宜超过190 kg/m³。

　　自密实混凝土配合比设计宜采用绝对体积法。自密实混凝土水胶比宜小于 0.45,胶凝材料用量宜控制在 400~550 kg/m³。

　　自密实混凝土宜采用通过增加粉体材料的方法适当增加浆体体积,也可通过添加外加剂的方法来改善浆体的黏聚性和流动性。

　　钢管自密实混凝土配合比设计时,应采取减少收缩的措施。

　　我国现行国家标准要求自密实混凝土初始配合比设计宜符合下列规定:

　　(1)配合比设计应确定拌合物中粗骨料的体积、砂浆中砂的体积分数、水胶比、胶凝材料用量、矿物掺合料的比例等参数。

　　(2)粗骨料体积及质量的计算宜符合下列规定:

　　①每立方米混凝土中粗骨料的体积(V_g)可按表 3.1 选用。

表 3.1　每立方米混凝土中粗骨料的体积

填充性指标	SF1	SF2	SF3
每立方米混凝土中 粗骨料的体积/m³	0.32~0.35	0.30~0.33	0.28~0.30

　　②每立方米混凝土中粗骨料的质量(m_g)可按下式计算:

$$m_g = V_g \rho_g \tag{3.12}$$

式中　ρ_g——粗骨料的表观密度,kg/m³。

　　(3)砂浆体积(V_m)可按下式计算:

$$V_m = 1 - V_g \tag{3.13}$$

　　(4)砂浆中砂的体积分数(Φ_s)可取 0.42~0.45。

　　(5)每立方米混凝土中砂的体积(V_s)和质量(m_s)可按下列公式计算:

$$V_s = V_m \Phi_s \tag{3.14}$$

$$m_s = V_s \rho_s \tag{3.15}$$

式中　ρ_s——砂的表观密度,kg/m³。

　　(6)浆体体积(V_p)可按下列式计算:

$$V_p = V_m - V_s \tag{3.16}$$

(7)胶凝材料表观密度(ρ_b)可根据矿物掺合料和水泥的相对含量及各自的表观密度确定,并可按下式计算:

$$\rho_b = \frac{1}{\dfrac{\beta}{\rho_m} + \dfrac{(1-\beta)}{\rho_c}} \tag{3.17}$$

式中　ρ_m——矿物掺合料的表观密度,kg/m³;

　　　ρ_s——水泥的表观密度,kg/m³;

　　　β——每立方米混凝土中矿物掺合料占胶凝材料的质量分数,%。

当采用两种或两种以上矿物掺合料时,可以用 β_1、β_2、β_3 表示,并进行相应计算,根据自密实混凝土工作性、耐久性、温升控制等要求,合理选择胶凝材料中水泥、矿物掺合料类型,矿物掺合料占胶凝材料用量的质量分数 β 不宜小于 0.2。

(8)自密实混凝土配制强度($f_{cu,o}$)应按现行行业标准《普通混凝土配合比设计规程》(JGJ 55)的规定进行计算。

(9)水胶比(m_w/m_b)应符合下列规定:

①当具备试验统计资料时,可根据工程所使用的原材料,通过建立的水胶比与自密实混凝土抗压强度关系式来计算得到水胶比。

②当不具备上述试验统计资料时,水胶比可按下式计算:

$$m_w/m_b = \frac{0.42 f_{ce}(1-\beta+\beta\gamma)}{f_{ce}+1.2} \tag{3.18}$$

式中　m_b——每立方米混凝土中胶凝材料的质量,kg;

　　　m_w——每立方米混凝土中用水的质量,kg;

　　　f_{ce}——水泥 28 d 实测坑压强度(MPa),当水泥 28 d 抗压强度未能进行实测时,可采用水泥强度等级对应值乘以 1.1 得到的数值作为水泥抗压强度值;

　　　γ——矿物掺合料的胶凝系数,粉煤灰($\beta\leqslant0.3$)可取 0.4,矿渣粉($\beta\leqslant0.4$)可取 0.9。

(10)每立方米自密实混凝土中胶凝材料的质量(m_b)可根据自密实混凝土中的浆体体积(V_p)、胶凝材料的表观密度(ρ_b)、水胶比(m_w/m_b)等参数确定,并可按下式计算:

$$m_b = \frac{(V_p - V_a)}{\left(\dfrac{1}{\rho_b} + \dfrac{m_w/m_b}{\rho_w}\right)} \qquad (3.19)$$

式中 V_a——每立方米混凝土中引入空气的体积(L),对于非引气型的自密实混凝土,V_a可取 $10 \sim 20$ L;

ρ_w——每立方米混凝土中拌合水的表观密度(kg/m³),取 $1\,000$ kg/m³。

(11)每立方米混凝土中用水的质量(m_w)应根据每立方米混凝土中胶凝材料质量(m_b)以及水胶比(m_w/m_b)确定,并可按下式计算:

$$m_w = m_b (m_w / m_b) \qquad (3.20)$$

(12)每立方米混凝土中水泥的质量(m_c)和矿物掺合料的质量(m_m)应根据每立方米混凝土中胶凝材料的质量(m_b)和胶凝材料中矿物掺合料的质量分数(β)确定,并可按下式计算:

$$m_m = m_b \beta \qquad (3.21)$$

$$m_c = m_b - m_m \qquad (3.22)$$

(13)外加剂的品种和用量应根据试验确定,外加剂用量可按下式计算:

$$m_{ca} = m_b \alpha \qquad (3.23)$$

式中 m_{ca}——每立方米混凝土中外加剂的质量,kg;

α——每立方米混凝土外加剂占胶凝材料总量的质量百分数,%。

自密实混凝土配合比的试配、调整与确定应符合下列规定:

(1)混凝土试配时应采用工程实际使用的原材料,每盘混凝土的最小搅拌量不宜小于 25 L。如果搅拌量太小,由于混凝土拌合物浆体粘锅的因素影响和体量不足等原因,拌合物的代表性不足。

(2)试配时,首先应进行试拌,先检查拌合物自密实性能必控指标,再检查拌合物自密实性能可选指标。当试拌得出的拌合物自密实性能不能满足要求时,应在水胶比不变、胶凝材料用量和外加剂用量合理的原则下调整胶凝材料用量、外加剂用量或砂的体积分数等,直到符合要求为止。应根据试拌结果提出混凝土强度试验用的基准配合比。

(3)当混凝土拌合物自密实性能满足要求后,即开始混凝土强度试验。混凝土强度试验时至少应采用三个不同的配合比。当采用不同的配合比时,其中一个应为已确定的基准配合比。由于混凝土强度试验是在混凝土拌合物性能调整合格后进行的,所以强度试验采用三个不同水胶比的混凝土拌合物性能应维持不变,同时维持用水量不变,另外两个配合比的水胶比宜较基准配合比分别增加和减少 0.02;用水量与基准配合比相同,砂的体积分数可分别增加或减少 1%。最终取能够满足配制强度要求、胶凝材料用量经济合理的配合比。在没有特殊规定的情况下,混凝土强度试件在 28 d 龄期进行抗压试验,当设计规定采用 60 d 或 90 d 等其他龄期强度时,混凝土强度试件在相应的龄期进行抗压试验。

（4）制作混凝土强度试验试件时,应验证拌合物自密实性能是否达到设计要求,并以该结果代表相应配合比的混凝土拌合物性能指标。

（5）混凝土强度试验时每种配合比至少应制作一组试件,标准养护到 28 d 或设计要求的龄期时试压,也可同时多制作几组试件,按《早期推定混凝土强度试验方法标准》(JGJ/T 15)早期推定混凝土强度,用于配合比调整,但最终应满足标准养护 28 d 或设计规定龄期的强度要求。如有耐久性要求时,还应检测相应的耐久性指标。高耐久性是高性能混凝土的一个重要特征,如果实际工程对混凝土耐久性有具体要求,则需要对自密实混凝土相应的耐久性指标进行检测,并据此调整混凝土配合比直至满足耐久性要求。

（6）应根据试配结果对基准配合比进行调整,调整与确定应按《普通混凝土配合比设计规程》(JGJ 55)的规定执行,确定的配合比即为设计配合比。

（7）对于应用条件特殊的工程,宜采用确定的配合比进行模拟试验,以检验所设计的配合比是否满足工程应用条件。有些工程的施工条件特殊,采用实验室的测试方法并不能准确评价混凝土拌合物的施工性能是否满足实际要求,可根据需要进行足尺试验,以便直观准确地判断拌合物的工作性能是否适宜。

自密实混凝土的工作性对原材料的波动较为敏感,工程施工时,其原材料应与试配时采用的原材料一致。当原材料发生显著变化时,应对配合比重新进行试配调整。同样技术要求的自密实混凝土配合比不一定具备广泛的适用性。在配合比设计中应考虑现有原材料情况,加以调整。如使用增稠剂等其他外加剂,则应通过试验选用品种、用量。

3.4 特种自密实混凝土配合比设计

3.4.1 纤维自密实混凝土

纤维自密实混凝土配合比设计中,应适当选择较短纤维,且选择较低的骨料粒径和体积,以减小自密实混凝土流动的内应力。在纤维掺量相对较多时,应保证自密实混凝土具有合适的抗离析性和泌水能力,在配合比设计中应适当降低自由水量或掺入增稠剂,并增加浆体量,降低骨料体积。

浆体体积包括水泥、掺合料、有效拌合水和空气体积。适当增加自密实混凝土中浆体体积,可起到润滑作用。一般 1 立方米纤维自密实混凝土中浆体体积取 $0.33 \sim 0.42$ m^3,如果混凝土中不含粗骨料时,浆体体积应取 $0.50 \sim 0.60$ m^3。

纤维自密实混凝土中粒径在 80 μm 以下的颗粒比例应高一些,这样可以保证和易性,降低离析和泌水倾向。一般使用粉煤灰或矿粉作为掺合料。

纤维自密实混凝土应适当提高减水剂减水率和掺量。在水胶比较高的时候,可以选择适当掺入增稠剂。

纤维自密实混凝土中粗骨料最大粒径要小、用量要少,而且在配合比设计时,必须注意骨料含水率对和易性的影响。

3.4.2 轻骨料自密实混凝土

轻骨料自密实混凝土配合比设计必须要考虑轻骨料吸水率。现有的配合比设计方法较多,包括通过调整所有粗骨料和细骨料在压实状态下的密度和松散堆积密度的比值来确定配合比,固定砂石体积和全计算综合法确定配合比,绝对体积法确定配合比。轻骨料自密实混凝土配合比本身不确定性因素较多,必须加强试配环节。

3.4.3 堆石自密实混凝土

堆石自密实混凝土工程要求使用自密实混凝土填充堆石孔隙。自密实混凝土必须达到 260 mm 以上坍落度、650 mm 以上扩展度和 $10 \sim 25$ s 的 V

形漏斗通过时间,同时还必须无离析、泌水。堆石自密实混凝土的强度及耐久性很大程度上取决于浇筑过程中形成的堆石混凝土密实度。

对于堆石自密实混凝土配合比设计时,不仅要求优良的自密实性能,而且还应注意适当降低水泥用量、胶凝材料用量和外加剂用量,要多考虑成本问题。

3.4.4　高抛自密实混凝土

高抛自密实混凝土多用于钢管混凝土施工。其在受力过程中,会和钢管之间产生相互作用,而导致钢管混凝土整体物理力学性能的复杂性。根据《高抛免振捣混凝土应用技术规程》(JGJ/T 296)要求,高抛自密实混凝土配合比应根据结构物的结构条件、施工条件以及环境条件进行设计,在符合强度、耐久性和其他必要性能要求的基础上,进行配合比设计。其最大水胶比应符合《混凝土结构耐久性设计规范》(GB/T 500476)的规定,其胶凝材料最小用量不宜低于 380 kg/m³,最大用量不宜超过 600 kg/m³,其含气量宜控制在 3.0%～5.0%。高抛自密实混凝土宜掺加硅灰,对于低强度等级的混凝土可采用增稠剂。且当高抛自密实混凝土的原材料品种或质量发生显著变化,或对混凝土性能指标有特殊要求,或混凝土生产间断 3 个月以上时,应重新进行混凝土配合比设计。

3.5　设计实例

下面就相关参考文献中记录的自密实混凝土配合比设计加以介绍。

3.5.1　C30、钢筋间距 60 mm 的配合比

某工程结构,钢筋最小净间距为 60 mm,自密实混凝土强度等级为 C30级,要求用免振捣施工。

原材料:某品牌 P·O 42.5 级普通硅酸盐水泥,表观密度为 3.12 g/cm³,实测强度为 49 MPa;一级粉煤灰,表观密度为 2.2 g/cm³;S95 级磨细矿渣粉,表观密度为 2.8 g/cm³;中砂细度模数为 2.5,表观密度为 2.65 g/cm³;碎石最大粒径为 20 mm,表观密度为 2.7 g/cm³;聚羧酸高效减水剂,减水率

为 25%。

配合比计算：

$\sigma = 3.0$ MPa，则 $f_{cu,o} = 34.9$ MPa，W/C 取 0.6。

用水量取 180 kg/m³，水泥用量为 300 kg。

考虑混凝土拌合物的自密实性，选用一级粉煤灰取代水泥 20%，超量系数为 1.4，S95 磨细矿渣粉取代水泥 30%，超量系数为 1.3，则胶结材量为：水泥 150 kg，I 级粉煤灰 84 kg，S95 磨细矿渣粉为 117 kg。

三者绝对体积分别为：水泥 150/3.12 L＝48 L，粉煤灰 84/2.2 L＝38 L，矿渣粉 117/2.8 L＝42 L。粉体体积为（48＋38＋42）L＝128 L＜160 L，胶结材浆体体积为（48＋38＋42＋180）L＝308 L＜330 L。

按自密实性要求，增加粉体（160－128）L＝32 L，胶结材浆体增加（330－308）L＝22 L。现场没有惰性掺合材，采取增加粉煤灰 12 L、矿渣粉 20 L 的方法。则调整后的胶结材量为：水泥 150 kg（48 L），粉煤灰 110 kg（50 L），矿渣粉 174 kg（62 L），胶结材总量为 434 kg（160 L），浆体为 340 L。

混凝土拌合物空气含量按 1.5% 计，则骨料体积为（1000－40－5）L＝645 L。

砂率取 48%，每立方米碎石量为 335 L。

设计配合比为：

w（水泥）：w（粉煤灰）：w（磨细矿渣粉）：w（水）：w（砂）：w（石）＝150：110：174：180：814：905（单位为 kg/m³）。

聚羧酸高效减水剂用量为胶结材质量的 1% 时，拌合物的坍落扩展度为 635 mm，T500 为 6′41″，边缘无泌浆；箱形试验高度为 6 mm，此配合比可用于生产。

3.5.2 C40、钢筋间距 60 mm 的配合比

原材料：某品牌 P·O42.5 普通硅酸盐水泥，表观密度为 3.0 g/cm³，28 d 实测强度为 45 MPa；I 级粉煤灰，表观密度为 2.2 g/cm³；中砂细度模数为 2.7，表观密度为 2.65 g/cm³；5～16 mm 碎石，表观密度为 2.7 g/cm³；某品牌聚羧酸高效减水剂，减水率为 30%。

根据工程实际要求及原材料状况，选择配制 SF3、PA2、SR2 型自密实混

凝土。

(1)粗骨料体积及质量的计算。

①根据原材料实际状况及前期试验结果经验,每立方米混凝土中粗骨料的体积 V_g 暂定 0.30 m³。

②每立方米混凝土中粗骨料的质量 m_g:

$$m_g = V_g \rho_g = (0.30 \times 2\,700)\text{kg} = 810\text{ kg}$$

(2)砂浆体积 V_m 计算:

$$V_m = 1 - V_g = (1 - 0.30)\text{m}^3 = 0.70\text{ m}^3$$

(3)砂浆中的体积分数(Φ_s)取 0.45。

(4)每立方米混凝土中砂的体积 V_s 和质量 m_s 计算:

$$V_s = V_m \Phi_s = (0.70 \times 0.45)\text{m}^3 = 0.315\text{ m}^3$$

$$m_s = V_s \rho_s = (0.315 \times 2\,650)\text{kg} = 835\text{ kg}$$

(5)浆体体积 V_p 计算:

$$V_p = V_m - V_s = (0.70 - 0.315)\text{L} = 0.385\text{ L}$$

(6)胶凝材料表观密度 ρ_b 计算:

选取 I 级粉煤灰掺量为胶凝材料总量的 0.25。

$$\rho_b = \frac{1}{\dfrac{\beta}{\rho_m} + \dfrac{(1-\beta)}{\rho_c}} = \frac{1}{(0.25/2\,200 + 0.75/3\,000)}\text{kg/m}^3 = 2\,750\text{ kg/m}^3$$

(7)自密实混凝土配制强度 $f_{cu,o}$ 计算:

根据工程实际取 σ 为 5.0 MPa。

$$f_{cu,o} = f_{cu,k} + 1.645\sigma = (40 + 1.645 \times 5.0)\text{MPa} = 48.23\text{ MPa}$$

(8)水胶比 m_w/m_b 计算。

施工现场不具备试验统计资料时,水胶比计算:

$$m_w/m_b = \frac{0.42 f_{ce}(1 - \beta + \beta\gamma)}{f_{ce} + 1.2}$$

$$= 0.42 \times 45 \times (1 - 0.25 + 0.25 \times 0.9)/(45 + 1.2)$$

$$= 0.40 < 0.45$$

水胶比满足要求,故矿物掺合料的胶凝系数 γ 取 0.9。

(9)每立方米自密实混凝土中胶凝材料的质量 m_b 计算:

$$m_b = \frac{(V_p - V_a)}{\left(\dfrac{1}{\rho_b} + \dfrac{m_w/m_b}{\rho_w}\right)}$$

$$= (0.385 - 0.01)/(1/2\ 750 + 0.40/1\ 000)$$

$$= 491\ \text{kg/m}^3$$

由于没有引气要求，V_a 取 10 L。

符合胶凝材料用量 400~550 kg/m³ 的控制范围。

(10)每立方米混凝土中用水的质量 m_w 计算：

$$m_w = m_b(m_w/m_b) = 491 \times 0.40\ \text{kg} = 196\ \text{kg} > 190\ \text{kg}，取\ 190\ \text{kg}。$$

(11)每立方米混凝土中水泥的质量 m_c 和矿物掺合料的质量 m_m 计算：

$$m_m = m_b\beta = 491 \times 0.25\ \text{kg} = 123\ \text{kg}$$

$$m_c = m_b - m_m = (491 - 123)\text{kg} = 368\ \text{kg}$$

(12)外加剂用量 m_{ca} 计算。

根据试验外加剂掺量取 α 为 2.5%，则

$$m_{ca} = m_b\alpha = 12.3\ \text{kg}$$

配合比为：水泥 368 kg，粉煤灰 123 kg，水 190 kg，砂 835 kg，碎石 810 kg，外加剂 12.3 kg。

按照此配合比试配混凝土 25 L，试件 28 d 抗压强度为 49.6 MPa，坍落扩展度为 810 mm，T500 为 5 s，坍落扩展度与 J 环扩展度差值为 22 mm，离析率为 10%，粗骨料振动离析率为 8%。能够满足自密实性能的要求。

3.5.3 C40、自密实性能二级的配合比

原材料：某品牌 P·Ⅱ 42.5 级硅酸盐水泥，28 d 实测强度为 56 MPa，表观密度为 3.1 g/cm³；粉煤灰Ⅰ级，表观密度为 2.3 g/cm³；粒化高炉矿渣 S95 级，表观密度为 2.9 g/cm³；石粉，表观密度为 2.8 g/cm³；河砂，2 区中砂，表观密度为 2.67 g/cm³，小于 0.075 mm 的细粉含量为 2%（质量分数）；碎石，5~20 mm 级配，表观密度为 2.7 g/cm³；聚羧酸系高性能减水剂，固含量为 27%（质量分数）。

配合比设计：

根据自密实性能等级选取单位体积粗骨料体积用量 $V_g = 0.32\ \text{m}^3 = 320\ \text{L}$，则质量为 864 kg。

确定单位体积用水量 V_w、水粉比 W/P 和粉体体积 V_p。

考虑到掺入粉煤灰配制 C40 等级的自密实混凝土，而且粗细骨料粒形级配良好，选择较低的单位体积用水量（165 kg）和水粉比（0.80）。

粉体单位体积用量为 0.206 3 m^3，介于推荐值 0.16～0.23 m^3。

浆体量为（0.206 3 + 0.165 0）m^3 = 0.371 3 m^3，介于推荐值 0.32～0.40 m^3。

确定含气量，根据经验以及所使用外加剂的性能设定自密实混凝土的含气量为 1.5%，即 15 L。

计算单位体积细骨料量。因为细骨料中含有 2%（质量分数）的粉体，所以根据下式可计算：

$$V_g + V_p + V_a + (1 - 2\%)V_s = 1\ 000\ L$$

$$m_s = \rho_s \times V_s = 2.67 \times 299.7\ kg = 800.2\ kg$$

得出细骨料体积用量为 299.7 L，质量为 800.2 kg。

计算单位体积胶凝材料体积用量。因为未使用惰性掺合料，所以可由下式计算：

$$V_{ce} = V_p - 2\%V_s = (206.3 - 2\% \times 299.7)L = 200.3\ L$$

方案一：粉煤灰掺量 30%（质量分数）。

$$V_{ce} = M_B \times 30\%/\rho_f + M_B \times 70\%/\rho_c$$
$$= M_B \times 30\%/2.3 + M_B \times 70\%/3.1$$
$$= 200.3\ L$$
$$M_B = 562.3\ kg$$
$$M_c = M_B \times 70\% = 393.6\ kg$$
$$M_f = M_B \times 30\% = 168.69\ kg$$
$$V_c = M_c/\rho_c = 127.0\ L$$
$$V_f = M_f/\rho_f = 73.3\ L$$

因此，水胶比为 0.29。

强度计算得到的水胶比为

$$f_{cu,o} = f_{cu,k} + 1.645\sigma = (40 + 1.645 \times 5.0)MPa = 48.23\ MPa$$
$$f_b = \gamma_f \times f_{ce} = 0.75 \times 56\ MPa = 42\ MPa$$
$$W/B = 0.53 \times 42/(48.23 + 0.53 \times 0.20 \times 42) = 0.42 > 0.29$$

强度条件满足,故取自密实性能计算所得水胶比 0.29。

方案二:粉煤灰掺量 20%(质量分数),矿渣掺量 20%(质量分数)。

$$V_{ce} = M_B \times 20\% / \rho_f + M_B \times 20\% / \rho_s + M_B \times 60\% / \rho_c$$
$$= M_B \times 20\% / 2.3 + M_B \times 20\% / 2.9 + M_B \times 60\% / 3.1$$
$$= 200.3 \text{ L}$$

$$M_B = 573.2 \text{ kg}$$
$$M_c = M_B \times 60\% = 343.92 \text{ kg}$$
$$M_f = M_s = M_B \times 20\% = 114.64 \text{ kg}$$
$$V_c = M_c / \rho_c = 111.0 \text{ L}$$
$$V_f = M_f / \rho_f = 49.8 \text{ L}$$
$$V_s = M_s / \rho_s = 39.5 \text{ L}$$

强度计算得到的水胶比为

$$f_{cu,o} = f_{cu,k} + 1.645\sigma = (40 + 1.645 \times 5.0)\text{MPa} = 48.23 \text{ MPa}$$
$$f_b = \gamma_f \times \gamma_s \times f_{ce} = 0.85 \times 1.00 \times 56 \text{ MPa} = 47.6 \text{ MPa}$$
$$W/B = 0.53 \times 47.6 / (48.23 + 0.53 \times 0.20 \times 47.6) = 0.47 > 0.29$$

强度条件满足,故取自密实性能计算所得水胶比(0.29)。

方案三:仅掺惰性石粉。

由于不知道石粉掺量,所以根据强度计算得到的水灰比计算水泥及石粉用量。

$$f_{cu,o} = f_{cu,k} + 1.645\sigma = (40 + 1.645 \times 5.0)\text{MPa} = 48.23 \text{ MPa}$$
$$f_b = f_{ce} = 56 \text{ MPa}$$
$$W/B = 0.53 \times 56 / (48.23 + 0.53 \times 0.20 \times 56) = 0.55$$

由于 $W = 165$ kg,则 $M_c = W/(W/C) = 300$ kg。

$$V_c = M_c / \rho_c = 300/3.1 \text{ L} = 96.8 \text{ L} = 103.5 \text{ L}$$
$$V_{石粉} = V_{ce} - V_c = (200.3 - 96.8)\text{L} = 103.5 \text{ L}$$
$$M_{石粉} = \rho_{石粉} \times V_{石粉} = (2.8 - 103.5)\text{kg} = 289.8 \text{ kg}$$

聚羧酸系高性能减水剂的用量取为胶凝材料质量的 1.5%。

3.5.4 C50、钢筋间距 90 mm 的配合比

某工程为泵送浇筑施工工程,混凝土强度等级为 C50,钢筋间距最小为

90 mm,要求用自密实混凝土施工。

原材料:某品牌 P·O42.5 普通硅酸盐水泥,表观密度为 3.0 g/cm³,28 d 实测强度为 45 MPa;Ⅰ级粉煤灰,表观密度为 2.2 g/cm³;中砂细度模数为 2.6,表观密度为 2.65 g/cm³;5～20 mm 碎石,表观密度为 2.7 g/cm³;某品牌聚羧酸高效减水剂,减水率为 25%。

根据工程实际要求及原材料状况,选择配制 SF1、PA1、SR1 型自密实混凝土。

(1)粗骨料体积及质量的计算:

①根据原材料实际状况及前期试验结果经验,每立方米混凝土中粗骨料的体积 V_g 暂定 0.35 m³。

②每立方米混凝土中粗骨料的质量 m_g 为

$$m_g = V_g \cdot \rho_g = 0.35 \times 2\ 700\ \text{kg} = 945\ \text{kg}$$

(2)砂浆体积 V_m 为

$$V_m = 1 - V_g = (1 - 0.35)\text{m}^3 = 0.65\ \text{m}^3$$

(3)砂浆中砂的体积分数(Φ_s)取 0.44。

(4)每立方米混凝土中砂的体积 V_s 和质量 m_s 为

$$V_s = V_m \cdot \Phi_s = 0.65 \times 0.44\ \text{m}^3 = 0.286\ \text{m}^3$$

$$m_s = V_s \cdot \rho_s = 0.286 \times 2\ 650\ \text{kg} = 758\ \text{kg}$$

(5)浆体体积 V_p 为

$$V_p = V_m - V_s = (0.65 - 0.286)\text{L} = 0.364\ \text{L}$$

(6)胶凝材料表观密度 ρ_b 计算

选取Ⅰ级粉煤灰掺量为胶凝材料总量的 0.28。

$$\rho_b = \frac{1}{\dfrac{\beta}{\rho_m} + \dfrac{(1-\beta)}{\rho_c}} = \frac{1}{(0.28/2\ 200 + 0.65/3\ 000)}\ \text{kg/m}^3 = 2\ 907\ \text{kg/m}^3$$

(7)自密实混凝土配制强度 $f_{cu,o}$ 计算。

根据工程实际,取 σ 为 6.0 MPa。

$$f_{cu,o} = f_{cu,k} + 1.645\sigma = (50 + 1.645 \times 6.0)\text{MPa} = 59.87\ \text{MPa}$$

(8)水胶比 m_w/m_b 计算。

施工现场不具备试验统计资料时,水胶比为

$$m_w/m_b = \frac{0.42 f_{ce}(1-\beta+\beta\cdot\gamma)}{f_{ce}+1.2}$$
$$= 0.42\times45\times(1-0.28+0.28\times0.9)/(45+1.2)$$
$$= 0.0.39 < 0.45$$

水胶比满足要求,故矿物掺合料的胶凝系数 γ 取 0.9。

(9)每立方米自密实混凝土中胶凝材料的质量 m_b 为

$$m_b = \frac{(V_p - V_a)}{\left(\dfrac{1}{\rho_b} + \dfrac{m_w/m_b}{\rho_w}\right)}$$
$$= \frac{(0.364-0.02)}{(1/2907+0.39/1\,000)}\,kg/m^3$$
$$= 468\ kg/m^3$$

由于没有引气要求,V_a 取 20 L。

符合胶凝材料用量 $400\sim550\ kg/m^3$ 的控制范围。

(10)每立方米混凝土中用水的质量 m_w 为

$$m_w = m_b(m_w/m_b) = (468\times0.39)kg = 182\ kg < 190\ kg$$

(11)每立方米混凝土中水泥的质量 m_c 和矿物掺合料的质量 m_m 为

$$m_m = m_b\beta = 468\times0.28\ kg = 131\ kg$$

$$m_c = m_b - m_m = (468-131)kg = 337\ kg$$

(12)外加剂用量 m_{ca} 计算。

根据试验外加剂掺量取 α 为 3.5%。

$$m_{ca} = m_b\alpha = 16.4\ kg$$

配合比为:水泥 337 kg,粉煤灰 131 kg,水 182 kg,砂 758 kg,碎石 945 kg,外加剂 16.4 kg。

按照此配合比试配混凝土 25 L,试配时发现拌合物坍落扩展度为 670 mm,T500 为 4 s,坍落扩展度与 J 环扩展度差值为 27 mm,离析率为 21%,粗骨料振动离析率为 12%。

调整:保持水胶比不变,胶凝材料组成不变,减少 10 kg/m³ 胶凝材料(其中水泥减少 7.2 kg/m³,粉煤灰减少 2.8 kg/m³),相应减少水 3.9 kg/m³。

调整后试配混凝土坍落扩展度为 640 mm,T500 为 6 s,坍落扩展度与 J 环扩展度差值为 31 mm,离析率为 17%,粗骨料振动离析率为 8%。能够满足自密实性能的要求。

当混凝土拌合物满足自密实性能要求,进行混凝土强度试验。混凝土强度试验采用三个不同的配合比。三个不同水胶比的配合比的混凝土拌合物性能维持不变,用水量不变,其中一个应为已确定的基准配合比,另外两个配合比的水胶比宜较基准配合比分别增加和减少 0.02;砂的体积分数可分别增加和减少 1%。混凝土强度试件在 28 d 龄期进行抗压试验,最终确定水胶比为 0.39。

最终配合比为:水泥 330 kg,粉煤灰 128 kg,水 178 kg,砂 768 kg,碎石945 kg,外加剂 16 kg。

3.5.5 C50、P8、冻融 150 次、钢筋间距 60 mm 的配合比

某工程结构,混凝土强度等级为 C50,抗渗等级为 P8,抗冻融循环 150次,钢筋间距最小为 60 mm,要求用免振自密实混凝土施工。

原材料:某品牌 P·O42.5 普通硅酸盐水泥,28 d 实测强度为 52 MPa;Ⅰ级粉煤灰,表观密度为 2.2 g/cm³;S95 级磨细矿渣粉,表观密度为2.8 g/cm³;中砂细度模数为 2.5,表观密度为 2.65 g/cm³;5~20 mm 碎石,表观密度为2.7 g/cm³;某品牌引气剂掺量 0.03%~0.1%(质量分数),某品牌聚羧酸高效减水剂,减水率为 30%;混凝土含气量为 3%。

配合比设计:

$\sigma = 4.0$ MPa,含气量 3%,预计混凝土强度降低 15%。

混凝土配制强度为

$$f_{cu,o} = (50 + 4 \times 1.645)/0.85 \text{ MPa} = 66.6 \text{ MPa}$$

取用水量 170 kg,计算 W/C 为 0.32,则水泥量为 531 kg。

以Ⅰ级粉煤灰等量取代水泥 15%,S95 级磨细矿渣等量取代水泥 30%,则胶结材量为:水泥 292 kg(94 L),粉煤灰 80 kg(36 L),磨细矿渣粉 159 kg(57 L)。

粉体体积为

$$(94 + 36 + 57)L = 187 \text{ L} > 160 \text{ L}$$

浆体体积为

$$(187 + 170)L = 357 \text{ L} > 330 \text{ L}$$

砂率取 46%，则砂石量为(1 000−357−30)L＝613 L，碎石量为 331 L。

设计配合比为：

w(水泥)：w(粉煤灰)：w(矿渣粉)：w(水)：w(引气剂)：w(砂)：w(石)＝292：80：159：170：0.159：747：894。

按此配合比试拌，聚羧酸高效减水剂掺量为 1.1%(质量分数)时，坍落扩展度为 550 mm，T500 为 15′20″。将聚羧酸高效减水剂掺量改为 1.15%(质量分数)，拌合物的坍落扩展度为 670 mm，T500 为 7′01″，箱形试验高度差为 8 mm，此配合比可用于生产。

要消除自密实混凝土配合比的实际、试配、调整、验证和管理使用过程中的问题，必须制定并严格遵守一个配合比设计、使用及管理办法。

技术管理部门下达或委托实验室继续混凝土配合比的设计过程中，营销部门应准确了解客户的要求，并与客户签订有关混凝土的技术要求的合同，必要时应将混凝土的有关要求与技术部门、实验室进行沟通；技术管理部门在预拌混凝土供应合同签署后，应尽快下达或委托实验室进行混凝土配合比的设计，填写配合比试验委托书，明确混凝土配合比的使用时间，委托书内容必须清洗完整、书写正确；当合同有条文变更时，若涉及混凝土配合比的变更，有关部门应及时将变更的信息传递给实验室。

实验室试配、调整、确定混凝土配合比过程中，应根据合同要求按国家现行有关标准的规定，进行混凝土配合比设计；出具《自密实混凝土配合比通知单》，《自密实混凝土配合比通知单》经校核、批准并签字盖章，报告一式三份，实验室存档一份，其他两份交相关部门；建立混凝土配合比的试验台账；根据本单位常用的材料，设计出备用混凝土配合比。

常用配合比在使用过程中，应根据原材料情况及混凝土质量检测的结果予以调整，但遇有下列情况之一时，应重新进行自密实混凝土配合比设计：

(1)对混凝土性能指标有特殊要求时。

(2)水泥、外加剂或矿物掺合料品种、质量有显著变化时。

(3)该配合比混凝土生产间断半年以上时。

在常用配合比使用过程中，若原材料情况及混凝土质量检查的结果与原配合比一致，可直接使用。在使用配合比过程中，若原材料情况变化及混凝土质量检查的结果与原配合比不吻合，应予以调整后使用。

　　要严格对实验室配合比的技术审查。混凝土交付生产部门前必须经生产企业技术负责人的确认,主要从以下几个方面逐项确认:

　　(1)满足设计的要求(设计要求的混凝土强度等级、混凝土耐久性的要求,如混凝土的抗渗、抗冻等)。

　　(2)满足施工要求的工作性,即满足工程施工对混凝土和易性的要求。

　　(3)确保混凝土工程质量。

　　(4)达到经济合理。

　　生产企业技术部门定期监督实验室的配合比试验工作,依据标准规范、合同要求、企业的制度和规程进行监督。其中包括实验室配合比控制程序的完备性;试验配合比的管理记录,如配合比试验台账、发放台账、配合比调整和验证记录、常用配合比的试验与管理工作、试验配合比的整理与分析等;检查记录和报告的内容,如依据标准是否正确、计算是否有误、报告结论是否准确、记录是否齐全和相关人的签字是否符合要求等;检查配合比试验操作的正确性;检测配合比控制工作的真实性,主要包括记录是否有涂改、伪造、编号顺序与日期时间一至,查看相关的设备程序和打印记录、各环节间的相符合性,试验记录与试验试块是否相符合等;技术部门对监督结果进行分析评价,找出存在的问题,必要时采取纠正或预防措施。技术部门将监督结果书面上报管理层。

　　自密实混凝土配合比报告领取人根据合同要求和配合比申请单的要求,对发放的配合比进行核对,确认无误后方可领取。审查部门在领取自密实混凝土配合比报告时,核对配合比是否经生产企业技术负责人的确认。

　　自密实混凝土配合比的使用过程中,生产部门应及时测定混凝土所用砂石的含水,调整实验室发出的配合比通知单中有关材料(砂、石、水)的用量,以保证施工(或生产)使用的混凝土的配合比各组分用量与实验室给出的配合比相一致。应经过有关人员的校核、批准签字并存档。实验室或其他部门应经常性检查砂、石含水的检测记录及登记台账,检测配合比的调整计算是否正确,检测实际使用的配合比是否与合同要求、现场材料相符。外来混凝土配合比必须经过试验验证符合要求后方可投入使用。混凝土配合比在首次使用或非连续生产时,应进行首盘鉴定。有关部门应注意混凝土质量情况的反馈信息,及时反馈至有关部门。

　　在经过首盘鉴定、生产使用发现自密实混凝土配合比不符合要求后,首先进行技术分析,确认属混凝土配合比设计导致不符合时,应立即停止,实验室重新设计并调整。生产部门应及时测定混凝土所用砂石含水,以实验室发出的配合比通知单中有关材料(砂、石、水)的用量为基准,出具调整通知单。在配合比使用过程中,若原材料情况变化及混凝土质量检验的结果与原配合比不吻合,应经试验调整后使用。

第4章　自密实混凝土的生产与施工

自密实混凝土由于不用振捣密实,可大大节省劳动力和电力,提高施工效率,免除振捣的噪音污染。同时,还可以解决传统混凝土施工中的漏振、过振以及钢筋密集难以振捣等问题,并确保钢筋、预埋件、预应力孔道的位置不因振捣而移位。自密实混凝土生产能大量消耗工业废料(如粉煤灰、粒化高炉矿渣粉等),降低混凝土的水化热,提高混凝土结构的耐久性,技术、经济和社会效益显著。配制自密实混凝土首先要确定配合比。目前混凝土配合比设计的方法一般都是先计算,再试验调整,因此,配合比计算是确定自密实高性能混凝土配合比的第一个环节。

4.1　自密实混凝土制备

自密实混凝土原材料进场时,供方应按批次向需方提供质量证明文件。原材料进场后,应进行质量检验,并应符合下列规定:

(1)胶凝材料、外加剂的检验项目与批次应符合现行国家标准《预拌混凝土》(GB/T 14902)的规定。

(2)粗、细骨料的检验项目与批次应符合现行行业标准《普通混凝土用砂、石质量及检验方法标准》(JGJ 52)的规定,其中人工砂检验项目还应包括亚甲蓝(MB)值。

(3)其他原材料的检验项目和批次应按国家现行有关标准执行。

原材料储存应符合下列规定:

(1)水泥应按品种、强度等级及生产厂家分别储存,并应防止受潮和污染。

(2)掺合料应按品种、质量等级和产地分别储存,并应防雨和防潮。

(3)骨料宜采用仓储或带棚堆场储存,不同品种、规格的骨料应分别储存,堆料仓应设有分隔区域。

(4)外加剂应按品种和生产厂家分别储存,采取遮阳、防水等措施。粉状外加剂应防止受潮结块;液态外加剂应储存在密闭容器内,并应防晒和防冻,使用前应搅拌均匀。

原材料的计量应按质量计,且计量允许偏差应符合表 4.1 的规定。

表 4.1 原材料计量允许偏差 /%

序号	原材料品种	胶凝材料	骨料	水	外加剂	掺合料
1	每盘计量允许偏差	±2	±3	±1	±1	±2
2	累计计量允许偏差	±1	±2	±1	±1	±1

自密实混凝土宜采用集中搅拌方式生产,生产过程应符合现行国家标准 GB/T 14902 的规定。自密实混凝土应采用符合规定的搅拌机进行搅拌。混凝土搅拌时,应严格按搅拌机说明书的规定使用。搅拌机操作人员应经过搅拌机操作培训并掌握搅拌机说明书的详细要求。混凝土生产企业应根据说明书、标准规定及具体情况和特殊要求,制定搅拌机的操作规程。搅拌机操作人员必须掌握和执行操作规程。

自密实混凝土在搅拌机中的搅拌时间不应小于 60 s,并应比非自密实混凝土适当延长。在制备 C50 以上强度等级的自密实混凝土或采用引气剂、膨胀剂、防水剂时应相应增加搅拌时间。当采用翻斗车运送自密实混凝土时,应适当延长搅拌时间。特殊情况需要延长搅拌时间时,延长的时间由试验确定,不得由搅拌机操作人员随意延长。自密实混凝土在生产过程中应尽量减少对周围环境的污染。搅拌站机房宜为封闭的建筑。所有粉料的运输机称量供需均应在密封状态下进行,并应有收尘装置。砂石料场宜采用防止扬尘的措施。搅拌站应严格控制生产用水的排放。

自密实混凝土生产过程中,每台班应至少检测一次骨料含水率。当骨料含水率有显著变化时,应增加测定次数,并应依据检测结果及时调整材料用量。高温施工时,生产自密实混凝土原材料最高入机温度应符合表 4.2 的规定,必要时应对原材料采取温度控制措施。

表 4.2　原材料最高入机温度

原材料	最高入机温度/℃
水泥	60
骨料	30
水	25
粉煤灰等掺合料	60

　　冬季施工时,宜对拌合水、骨料进行加热,但拌合水温度不宜超过 60 ℃、骨料温度不宜超过 40 ℃;水泥、外加剂、掺合料不得直接加热。

　　自密实混凝土的质量对原材料的变化非常敏感,必须严格要求制作和施工中各环节的控制。其生产对操作工人的要求低了,但对技术和管理人员的要求大大提高了。由于组成材料多,粉料量大,搅拌必须均匀,目前多采用双卧轴强制式搅拌机,搅拌时间应比普通混凝土增加 1～2 倍,达 60～180 s,特殊情况可以更长。搅拌不均匀的拌合物会影响硬化后的性质,而且在泵送过程中极有可能会产生离析现象。投料顺序最好是先搅拌砂浆,最后投入粗骨料。

　　泵送自密实轻骨料混凝土所用的轻粗骨料在使用前,宜采用浸水、洒水或加压预湿等措施进行预湿处理。

4.2　自密实混凝土运输

　　自密实混凝土运输应采用混凝土搅拌运输车,混凝土搅拌运输车应符合 JG/T 50094 标准的规定,并建立搅拌运输车的"设备档案",包括基本信息、说明书、质量证明文件、自校记录、维修维护记录等。自改装的运输车应有签定证书或权威机构按 JG/T 50049 标准进行的符合性检查文件。混凝土搅拌运输车投入使用前,应核查其能否保持混凝土拌合物的均匀性,不产生分层离析现象。使用期间应定期进行自校或核查,确保其能保持混凝土拌合物的均匀性,不产生分层离析,并宜采取防晒、防寒等措施。运输车在接料前应将车内残留的混凝土清洗干净,并应将车内积水排尽。自密实混凝土运输过程中,搅拌运输车的滚筒应保持匀速转动,速度应控制在 3～5 r/min,并严禁向车内加水。运输车从开始接料至卸料的时间不宜大于 120 min。卸料前,搅拌运输车罐体宜高速旋转 20 s 以上。自密实混凝土的供应速度应保证施工的连续性。

运输车内的混凝土拌合物不符合要求时,应退回搅拌站或及时进行技术处理。严禁向运输车内的混凝土任意加水。混凝土的运送时间是指从混凝土由搅拌机卸入运输车开始至该运输车开始卸料为止。一般采用搅拌车运送的混凝土,宜在 1.5 h 内卸料,当最高气温低于 25 ℃时,运送时间可延长 0.5 h。如需延长运送时间,则应采取相应的技术措施,并应通过试验验证。

4.3 自密实混凝土输送

自密实混凝土输送宜采用泵送方式。输送自密实混凝土的管道、容器、溜槽不应吸水、漏浆,并应保证输送通畅。输送自密实混凝土时应根据工程所处环境条件采取保温、隔热、防雨等措施。

输送泵的选型应根据工程特点、混凝土输送高度和距离、混凝土工作性确定。输送泵的数量应根据混凝土浇筑量和施工条件确定,必要时宜设置备用泵。输送泵设置的位置应满足施工要求,场地应平整、坚实,道路应畅通。输送泵的作业范围不得有阻碍物;输送泵设置位置应有防范高空坠物的设施。

自密实混凝土输送泵管应根据输送泵的型号、拌合物性能、总输出量、单位输出量、输送距离以及粗骨料粒径等进行选择。混凝土粗骨料最大粒径不大于 20 mm,可采用内径不小于 125 mm 的输送泵管。输送泵管安装接头应严密,输送泵管道转向宜平缓。输送泵管应采用支架固定,支架应与结构牢固连接,输送泵管转向处支架应加密。支架应通过计算确定,必要时还应对设置位置的结构进行验算。垂直向上输送混凝土时,地面水平输送泵管的直管和弯管总的折算长度不宜小于垂直输送高度的 0.2 倍,且不宜小于 15 m。输送泵管倾斜或垂直向下输送混凝土,且高差大于 20 m 时,应在倾斜或垂直管下端设置直管或弯管,直管或弯管总的折算长度不宜小于高差的 1.5 倍。垂直输送高度大于 100 m 时,混凝土输送泵出料口处的输送泵管位置应设置截止阀。混凝土输送泵管及其支架应经常进行过程检查和维护。

自密实混凝土输送布料设备的选择应与输送泵相匹配,布料设备的混凝土输送管内径宜与混凝土输送泵管内径相同,布料设备的数量及位置应根据布料设备工作半径、施工作业面大小以及施工要求确定,布料设备应安装牢固,且应采取抗倾覆稳定措施;布料设备安装位置处的结构或施工设施应进行验算,必要时应采取加固措施。应经常对布料设备的弯管壁厚进行检查,磨损较大的弯管应及时更换,布料设备作业范围不得有阻碍物,并应有防范高空坠物的设施。

输送泵输送自密实混凝土应先进行泵水检查,并应湿润输送泵的料斗、活塞等直接与混凝土接触的部位;泵水检查后,应清除输送泵内积水。输送混凝土前,应先输送水泥砂浆对输送泵和输送管进行润滑,然后开始输送混凝土。输送混凝土速度应先慢后快、逐步加速,应在系统运转顺利后再按正常速度输送。输送混凝土过程中,应设置输送泵骨料斗网罩,并应保证骨料斗有足够的混凝土余量。

吊车配备斗容器输送自密实混凝土时,应根据不同结构类型以及混凝土浇筑方法选择不同的斗容器,斗容器的容量应根据吊车吊运能力确定。运输至施工现场的混凝土宜直接装入斗容器进行输送,斗容器宜在浇筑点直接布料。

升降设备配备小车输送自密实混凝土时,升降设备和小车的配备数量、小车行走路线及卸料点位置应能满足混凝土浇筑需要,运输至施工现场的混凝土宜直接装入小车进行输送,小车宜在靠近升降设备的位置进行装料。

4.4　模板施工

自密实混凝土施工前应根据工程结构类型和特点、工程材料供应情况、施工条件和进度计划等确定施工方案,并对施工作业人员进行技术交底。自密实混凝土施工应进行过程监控,并应根据监控结果调整施工措施。自密实混凝土施工应符合现行国家标准《混凝土结构工程施工规范》(GB 50666)的规定。

模板施工时,模板工程应编制专项施工方案。滑模、爬模、飞模等工具式模板工程及高大模板支架工程的专项施工方案,应进行技术论证。对模板及支架应进行设计。模板及支架应具有足够的承载力、刚度和稳定性,应能可靠地承受施工过程中所产生的各类荷载。模板及支架应保证工程结构和构件各部分形状、尺寸和位置准确,且应便于钢筋安装和混凝土浇筑、养护。

模板及支架材料的技术指标应符合国家现行有关标准的规定。模板及支架宜选用轻质、高强、耐用的材料。连接件宜选用标准定型产品。接触混凝土的模板表面应平整,并应具有良好的耐磨性和硬度;清水混凝土的模板面板材料应保证脱模后所需的饰面效果。脱模剂涂于模板表面后,应能有效减小混凝土与模板间的吸附力,应有一定的成膜强度,且不应影响脱模后混凝土表面的后期装饰。

模板及支架应根据工程结构形式、荷载大小、地基土类别、施工设备和材料供应等条件进行设计。模板及支架的设计应符合下列规定:

(1)模板及支架的结构设计宜采用以概率理论为基础、以分项系数表达的极限状态设计方法。

(2)模板及支架的设计计算分析中所采用的各种简化和近似假定,应有理论或试验依据,或经工程验证可行。

(3)模板及支架应根据施工期间各种受力状况进行结构分析,并确定其最不利的作用效应组合。

模板及支架设计应包括下列内容:模板及支架的选型及构造设计;模板及支架上的荷载及其效应计算;模板及支架的承载力、刚度和稳定性验算;绘制模板及支架施工图。模板及支架的设计应计算不同工况下的各项荷载。常遇的荷载应包括模板及支架自重(G_1)、新浇筑混凝土自重(G_2)、钢筋自重(G_3)、新浇筑混凝土对模板侧面的压力(G_4)、施工人员及施工设备荷载(Q_1)、泵送混凝土及倾倒混凝土等因素产生的荷载(Q_2)、风荷载(Q_3)等,各项荷载的标准值可按作用在模板及支架上的荷载标准值规定确定。

模板及支架结构构件应按短暂设计状况下的承载能力极限状态进行设计,并应符合下式要求:

$$\gamma_0 S \leqslant \gamma_R R \tag{4.1}$$

式中 γ_0——结构重要性系数,对重要的模板及支架宜取 $\gamma_0 \geqslant 1.0$;对于一般的模板及支架应取 $\gamma_0 \geqslant 0.9$;

S——荷载基本组合的效应设计值;

R——模板及支架结构构件的承载力设计值,应按国家现行有关标准计算；

γ_R——承载力设计值调整系数，应根据模板及支架重复使用情况取用，不应大于 1.0。

模板及支架的荷载基本组合的效应设计值，可按下式计算：

$$S_d = 1.35 \sum_{i \geqslant 1} S_{Gik} + 1.4 \psi_{cj} \sum_{j \geqslant 1} S_{Qjk} \tag{4.2}$$

式中　S_{Gik}——第 i 个永久荷载标准值产生的荷载效应值；

　　　S_{Qjk}——第 j 个可变荷载标准值产生的荷载效应值；

　　　ψ_{cj}——第 j 个可变荷载的组合值系数，宜取 $\psi_{cj} \geqslant 0.9$。

模板及支架的变形验算应符合下列要求：

$$a_{fk} \leqslant a_{f,\lim} \tag{4.3}$$

式中　a_{fk}——采用荷载标准组合计算的构件变形值；

　　　$a_{f,\lim}$——变形限值。

混凝土水平构件的底模板及支架、高大模板支架、混凝土竖向构件和水平构件的侧面模板及支架，宜按表 4.3 的规定确定最不利的作用效应组合。承载力验算应采用荷载基本组合，变形验算应采用荷载标准组合。

表 4.3　最不利的作用效应组合

模板结构类别	最不利的作用效应组合	
	计算承载力	变形验算
混凝土水平构件的 底模板及支架	$G_1 + G_2 + G_3 + Q_1$	$G_1 + G_2 + G_3$
高大模板支架	$G_1 + G_2 + G_3 + Q_1$ $G_1 + G_2 + G_3 + Q_2$	$G_1 + G_2 + G_3$
混凝土竖向构件或 水平构件的侧面模板及支架	$G_4 + Q_3$	G_4

对于高大模板支架，表 4.3 中 $(G_1 + G_2 + G_3 + Q_2)$ 的组合用于模板支架的抗倾覆验算；混凝土竖向构件或水平构件的侧面模板及支架的承载力计算效应组合中的风荷载 Q_3 只用于模板位于风速大和离地高度大的场合；表中的"+"仅表示各项荷载参与组合，而不表示代数相加。

模板及支架的变形限值对结构表面外露的模板，挠度不得大于模板构件计算跨度的 1/400;对结构表面隐蔽的模板,挠度不得大于模板构件计算跨度的 1/250;清水混凝土模板,挠度应满足设计要求;支架的轴向压缩变形值或侧向弹性挠度值不得大于计算高度或计算跨度的 1/1 000。

模板支架的高宽比不宜大于 3;当高宽比大于 3 时,应增设稳定性措施,并应进行支架的抗倾覆验算。

模板支架进行抗倾覆验算时应符合下列规定:

$$\gamma_0 k M_{sk} \leqslant M_{RK} \tag{4.4}$$

式中　γ_0——结构重要性系数;

　　　k ——模板及支架的抗倾覆安全系数,不应小于 1.4;

　　　M_{sk}——按最不利工况下倾覆荷载标准组合计算的倾覆力矩标准值;

　　　M_{RK}——按最不利工况下抗倾覆荷载标准组合计算的抗倾覆力矩标准值,其中永久荷载标准值和可变荷载标准值的组合系数取 1.0。

模板支架结构钢构件的长细比不应超过表 4.4 规定的容许值。

表 4.4　模板支架结构钢构件容许长细比

构件类别	容许长细比
受压构件的支架立柱及桁架	180
受压构件的斜撑、剪刀撑	200
受拉构件的钢杆件	350

对于多层楼板连续支模情况,应计入荷载在多层楼板间传递的效应,宜分别验算最不利工况下的支架和楼板结构的承载力。支承于地基土上的模板支架,应按现行国家标准《建筑地基基础设计规范》(GB 50007)的有关规定对地基土进行验算;支承于混凝土结构构件上的模板支架,应按现行国家标准《混凝土结构设计规范》(GB 50010)的有关规定对混凝土结构构件进行验算。

采用扣件钢管搭设的模板支架设计时,扣件钢管模板支架宜采用中心传力方式;当采用顶部水平杆将垂直荷载传递给立杆的传力方式时,顶层立杆应按偏心受压杆件验算承载力,且应计入搭设的垂直偏差影响;支承模板荷载的顶部水平杆可按受弯构件进行验算;构造要求以及扣件抗滑移承载力验算,可按现行行业标准《建筑施工扣件式钢管脚手架安全技术规范》(JGJ 130)的有关规定执行。

采用门式、碗扣式、盘扣式或盘销式等钢管架搭设的模板支架,应采用支架立柱杆端插入可调托座的中心传力方式,其承载力及刚度可按国家现行有关标准的规定进行验算。

模板应按图加工、制作。通用性强的模板宜制作成定型模板。模板面板背侧的木方高度应一致。制作胶合板模板时,其板面拼缝处应密封。地下室外墙和人防工程墙体的模板对拉螺栓中部应设止水片,止水片应与对拉螺栓环焊。与通用钢管支架匹配的专用支架,应按图加工、制作。搁置于支架顶端可调托座上的主梁,可采用木方、木工字梁或截面对称的型钢制作。支架立柱和竖向模板安装在基土上时,应设置具有足够强度和支承面积的垫板,且应中心承载;基土应坚实,并应有排水措施;对湿陷性黄土,应有防水措施;对冻胀性土,应有防冻融措施;对软土地基,当需要时可采用堆载预压的方法调整模板面安装高度。竖向模板安装时,应在安装基层面上测量放线,并应采取保证模板位置准确的定位措施。对竖向模板及支架,安装时应有临时稳定措施。安装位于高空的模板时,应有可靠的防倾覆措施。应根据混凝土一次浇筑高度和浇筑速度,采取合理的竖向模板抗侧移、抗浮和抗倾覆措施。对跨度不小于 4 m 的梁、板,其模板起拱高度宜为梁、板跨度的 1/1 000～3/1 000。采用扣件式钢管作为高大模板支架的立杆时,支架搭设应完整,钢管规格、间距和扣件应符合设计要求;立杆上应每步设置双向水平杆,水平杆应与立杆扣接;立杆底部应设置垫板。对于大尺寸混凝土构件下的支架,采用扣件式钢管作为高大模板支架的立杆时,其立杆顶部应插入可调托座。可调托座距顶部水平杆的高度不应大于 600 mm,可调托座螺杆外径不应小于 36 mm,插入深度不应小于 180 mm;立杆的纵、横向间距应满足设计要求,立杆的步距不应大于 1.8 m;顶层立杆步距应适当减小,且不应大于 1.5 m;支架立杆的搭设垂直偏差不宜大于 5/1 000,且不应大于 100 mm;在立杆底部的水平方向上应按纵下横上的次序设置扫地杆;承受模板荷载的水平杆与支架立杆连接的扣件,其拧紧力矩不应小于 40 N·m,且不应大于 65 N·m。采用碗扣式、插接式和盘销式钢管架搭设模板支架时,碗扣架或盘销架的水平杆与立柱的扣接应牢靠,不应滑脱;立杆上的上、下层水平杆间距不应大于

1.8 m；插入立杆顶端可调托座伸出顶层水平杆的悬臂长度不应超过650 mm，螺杆插入钢管的长度不应小于 150 mm，其直径应满足与钢管内径间隙不小于 6 mm 的要求。架体最顶层的水平杆步距应比标准步距缩小一个节点间距；立柱间应设置专用斜杆或扣件钢管斜杆加强模板支架。采用门式钢管架搭设模板支架时，支架应符合现行行业标准《建筑施工门式钢管脚手架安全技术规范》(JGJ 128)的有关规定：当支架高度较大或荷载较大时，宜采用主立杆钢管直径不小于 48 mm 并有横杆加强杆的门架搭设。支架的垂直斜撑和水平斜撑应与支架同步搭设，架体应与成形的混凝土结构拉结。钢管支架的垂直斜撑和水平斜撑的搭设应符合国家现行有关钢管脚手架标准的规定。对现浇多层、高层混凝土结构，上、下楼层模板支架的立杆应对准，模板及支架钢管等应分散堆放。模板安装应保证混凝土结构构件各部分形状、尺寸和相对位置准确，并应防止漏浆。模板安装应与钢筋安装配合进行，梁柱节点的模板宜在钢筋安装后安装。模板与混凝土接触面应清理干净并涂刷脱模剂，脱模剂不得污染钢筋和混凝土接槎处。模板安装完成后，应将模板内杂物清除干净。后浇带的模板及支架应独立设置。固定在模板上的预埋件、预留孔和预留洞均不得遗漏，且应安装牢固、位置准确。

模板拆除时，可采取先支的后拆、后支的先拆，先拆非承重模板、后拆承重模板的顺序，并应从上而下进行拆除。当混凝土强度达到设计要求时，方可拆除底模及支架；当设计无具体要求时，同条件养护试件的混凝土抗压强度应符合表 4.5 的规定。

表 4.5　底模拆除时的混凝土强度要求

构件类型	构件跨度/m	按达到设计混凝土强度等级值的百分率计/%
板	≤2	≥50
	>2,≤8	≥75
	>8	≥100
梁、拱、壳	≤8	≥75
	>8	≥100
悬臂结构		≥100

　　当混凝土强度能保证其表面及棱角不受损伤时,方可拆除侧模。多个楼层间连续支模的底层支架拆除时间,应根据连续支模的楼层间荷载分配和混凝土强度的增长情况确定。快拆支架体系的支架立杆间距不应大于 2 m。拆模时应保留立杆并顶托支承楼板,拆模时的混凝土强度需达到相关规定要求。对于后张预应力混凝土结构构件,侧模宜在预应力张拉前拆除;底模支架不应在结构构件建立预应力前拆除。拆下的模板及支架杆件不得抛扔,应分散堆放在指定地点,并应及时清运。模板拆除后应将其表面清理干净,对变形和损伤部位应进行修复。

　　模板、支架杆件和连接件进场应检查,包括:模板表面应平整;胶合板模板的胶合层不应脱胶翘角;支架杆件应平直,应无严重变形和锈蚀;连接件应无严重变形和锈蚀,并不应有裂纹;模板规格、支架杆件的直径、壁厚等,应符合设计要求;对在施工现场组装的模板,其组成部分的外观和尺寸应符合设计要求;有必要时,应对模板、支架杆件和连接件的力学性能进行抽样检查;对外观,应在进场时和周转使用前全数检查;对尺寸和力学性能可按国家现行有关标准的规定进行抽样检查。

　　对固定在模板上的预埋件、预留孔和预留洞,应检查其数量和尺寸,允许偏差应符合表 4.6 的规定。

表 4.6　预埋件、预留孔和预留洞的允许偏差

项　目		允许偏差 /mm
预埋钢板中心线位置		3
预埋管、预留孔中心线位置		3
插筋	中心线位置	5
	外露长度	+10,0
预埋螺栓	中心线位置	2
	外露长度	+10,0
预留洞	中心线位置	10
	截面内部尺寸	+10,0

　　对现浇结构模板,应检查尺寸,允许偏差和检查方法应符合表 4.7 的规定。

表 4.7 现浇结构模板允许偏差和检查方法

项 目		允许偏差 /mm	检查方法
轴线位置		5	钢尺检查
底模上表面标高		±5	水准仪或拉线、钢尺检查
截面内部尺寸	基础	±10	钢尺检查
	柱、墙、梁	+4,−5	钢尺检查
层高垂直度	全高不大于 5 m	6	经纬仪或吊线、钢尺检查
	全高大于 5 m	8	经纬仪或吊线、钢尺检查
相邻两板表面高低差		2	钢尺检查
表面平整度		5	2 m 靠尺和塞尺检查

对预制构件模板,首次使用及大修后应全数检查其尺寸,使用中应定期检查并不定期抽查其尺寸,允许偏差和检查方法应符合表 4.8 的规定。

表 4.8 预制构件模板允许偏差和检查方法

项 目		允许偏差 /mm	检查方法
长度	板、梁	±5	钢尺量两角边,取其中较大值
	薄腹梁、桁架	±10	
	柱	0,−10	
	墙板	0,−5	
宽度	板、墙板	0,−5	钢尺量一端及中部,取其中较大值
	梁、薄腹梁、桁架、柱	+2,−5	
高(厚)度	板	+2,−3	钢尺量一端及中部,取其中较大值
	墙板	0,−5	
	梁、薄腹梁、桁架、柱	+2,−5	

续表 4.8

项 目		允许偏差 /mm	检查方法
构件长度 l 内的侧 向弯曲	梁、板、柱	$l^{①}/1\ 000$ 且 ≤15	拉线、钢尺量最大弯曲处
	墙板、薄腹梁、桁架	$l/1\ 500$ 且 ≤15	
板的表面平整度		3	2 m 靠尺和塞尺检查
相邻两板表面高低差		1	2 m 靠尺和塞尺检查
角线差	板	7	钢尺量两个对角线
	墙板	5	
翘曲	板、墙板	$l/1\ 500$	调平尺在两端量测
设计起拱	薄腹梁、桁架、梁	±3	拉线、钢尺量跨中

注:① l 为构件长度(mm)

对扣件式钢管支架,应对下列安装偏差进行检查:

(1)混凝土梁下支架立杆间距的偏差不应大于 50 mm,混凝土板下支架立杆间距的偏差不应大于 100 mm;水平杆间距的偏差不应大于 50 mm。

(2)应全数检查承受模板荷载的水平杆与支架立杆连接的扣件。

(3)采用双扣件构造设置的抗滑移扣件,其上下顶紧程度应全数检查,扣件间隙不应大于 2 mm。

对碗扣式、门式、插接式和盘销式钢管支架,应对下列安装偏差进行检查:

(1)插入立杆顶端可调托撑伸出顶层水平杆的悬臂长度。

(2)水平杆杆端与立杆连接的碗扣、插接和盘销的连接状况,不应松脱。

(3)按规定设置的垂直和水平斜撑。

新浇筑混凝土对模板的最大侧压力应按下式计算:

$$F = \gamma_c H \tag{4.5}$$

式中 F——新浇筑混凝土对模板的最大侧压力,kN/m^2;

γ_c——混凝土的重力密度,kN/m^3;

H——混凝土侧压力计算位置处至新浇筑混凝土顶面的总高度,m。

成型的模板应拼装紧密,不得漏浆,应保证构件尺寸、形状,并应符合下列规定：

(1)斜坡面混凝土的外斜坡表面应支设模板。

(2)混凝土上表面模板应有抗自密实混凝土浮力的措施。

(3)浇筑形状复杂或封闭模板空间内混凝土时，应在模板上适当部位设置排气口和浇筑观察口。

模板及其支架拆除应符合现行国家标准《混凝土结构工程施工规范》(GB 50666)的规定。对薄壁、异形等构件宜延长拆模时间。

自密实混凝土的质量对原材料和配合比的变动以及施工工艺都很敏感，因此对施工管理水平要求较高。每项工程实施前，必须有严格的施工规程和班前交底措施，尤其在交接班时，以最大限度避免出现差错。

4.5 浇 筑

自密实混凝土浇筑前应完成隐蔽工程验收和技术复核；对操作人员进行技术交底；根据施工方案中的技术要求，检查并确认施工现场具备实施条件；施工单位应填报浇筑申请单，并经监理单位签认。浇筑前应检查混凝土送料单，核对混凝土配合比，确认混凝土强度等级，检查混凝土运输时间，测定混凝土坍落度，必要时还应测定混凝土扩展度，在确认无误后再进行混凝土浇筑。

高温施工时，自密实混凝土入模温度不宜超过 35 ℃；冬期施工时，自密实混凝土入模温度不宜低于 5 ℃。在降雨、降雪期间，不宜在露天浇筑混凝土。大体积自密实混凝土入模温度宜控制在 30 ℃以下；混凝土在入模温度基础上的绝热温升值不宜大于 50 ℃，混凝土的降温速率不宜大于 2.0 ℃/d。浇筑自密实混凝土时，应根据浇筑部位的结构特点及混凝土自密实性能选择机具与浇筑方法。浇筑自密实混凝土时，现场应有专人进行监控，当混凝土自密实性能不能满足要求时，可加入适量的与原配合比相同成分的外加剂，外加剂掺入后搅拌运输车滚筒应快速旋转，外加剂掺量和旋转搅拌时间应通过试验验证。自密实混凝土泵送施工应符合现行行业标准《混凝土泵送施工技术规程》(JGJ/T 10)的规定。混凝土泵与输送管连通后，应按所用混凝土泵使用说明书的规定进行全面检查，符合要求后方能开机进行空运转。混凝土泵启动后,应先泵送适量水以湿润混凝土泵的料斗、活塞及输送管的内壁等直接与混凝土接触部位。经泵送水检查,确认混凝土泵和输送管中无异物后,应采用下列方法之一润滑混凝土泵和输送管内壁。

①泵送水泥浆。

②泵送1:2(质量比)水泥砂浆。

③泵送与混凝土内除粗骨料外的其他成分相同配合比的水泥砂浆。

润滑用的水泥浆或水泥砂浆应分散布料,不得集中浇筑在同一处。开始泵送时,混凝土泵应处于慢速、匀速并随时可反泵的状态。泵送速度,应先慢后快,逐步加速。同时,应观察混凝土泵的压力和各系统的工作情况,待各系统运转顺利后,方可以正常速度进行泵送。混凝土泵送应连续进行。如必须中断时,其中断时间不得超过混凝土从搅拌至浇筑完毕所允许的延续时间。泵送混凝土时,活塞应保持最大行程运转。如输送管内吸入了空气,应立即反泵吸出混凝土至料斗中重新搅拌,排出空气后再泵送。泵送混凝土时,水箱或活塞清洗室中应经常保持充满水。在混凝土泵送过程中,若需接长3 m以上(含3 m)的输送管时,仍应预先用水和水泥浆或水泥砂浆进行湿润和润滑管道内壁。混凝土泵送过程中,不得把拆下的输送管内的混凝土撒落在未浇筑的地方。当混凝土泵出现压力升高且不稳定、油温升高、输送管明显振动等现象而泵送困难时,不得强行泵送,并应立即查明原因,采取措施排除。可先用木槌敲击输送管弯管、锥形管等部位,并进行慢速泵送或反泵,防止堵塞。

当输送管被堵塞时,应采取下列方法排除,重复进行反泵和正泵,逐步吸出混凝土至料斗中,重新搅拌后泵送;用木槌敲击等方法,查明堵塞部位,将混凝土击松后,重复进行反泵和正泵,排除堵塞;当上述两种方法无效时,应在混凝土卸压后,拆除堵塞部位的输送管,排出混凝土堵塞物后,方可接管。重新泵送前,应先排除管内空气后,方可拧紧接头。在混凝土泵送过程中,有计划中断时,应在预先确定的中断浇筑部位,停止泵送,且中断时间不宜超过1 h。

当混凝土泵送出现非堵塞性中断时,应采取下列措施:混凝土泵车卸料清洗后重新泵送;或利用臂架将混凝土泵入料斗,进行慢速间歇循环泵送;由配管输送混凝土时,可进行慢速间歇泵送;固定式混凝土泵,可利用混凝土搅拌运输车内的料,进行慢速间歇泵送;或利用料斗内的料,进行间歇反泵和正泵;慢速间歇泵送时,应每隔 4～5 min 进行 4 个行程的正、反泵。

向下泵送混凝土时,应先把输送管上气阀打开,待输送管下段混凝土有了一定压力时,方可关闭气阀。混凝土泵送即将结束前,应正确计算尚需用的混凝土数量,并应及时告知混凝土搅拌处。泵送过程中,废弃的和泵送终止时多余的混凝土,应按预先确定的处理方法和场所,及时进行妥善处理。泵送完毕时,应将混凝土泵和输送管清洗干净。排除堵塞,重新泵送或清洗混凝土泵时,布料设备的出口应朝安全方向,以防堵塞物或废浆高速飞出伤人。当多台混凝土泵同时泵送或与其他输送方法组合输送混凝土时,应预先规定各自的输送能力、浇筑区域和浇筑顺序,并应分工明确、互相配合、统一指挥。

自密实混凝土泵送和浇筑过程应保持连续性。大体积自密实混凝土采用整体分层连续浇筑或推移式连续浇筑时,应缩短间歇时间,并应在前层混凝土初凝之前浇筑次层混凝土,同时应减少分层浇筑的次数。自密实混凝土浇筑最大水平流动距离应根据施工部位具体要求确定,且不宜超过 7 m。布料点应根据混凝土自密实性能确定,并通过试验确定混凝土布料点的间距。柱、墙模板内的混凝土浇筑倾落高度不宜大于 5 m,当不能满足规定时,应加设伸筒、溜管、溜槽等装置。浇筑结构复杂、配筋密集的混凝土构件时,可在模板外侧进行辅助敲击。型钢混凝土结构应均匀对称浇筑。

钢管自密实混凝土结构浇筑应符合下列规定:

(1)应按设计要求在钢管适当位置设置排气孔,排气孔孔径宜为 20 mm。

(2)混凝土最大倾落高度不宜大于 9 m。倾落高度大于 9 m 时,应采用串筒、溜槽、溜管等辅助装置进行浇筑。

(3)混凝土从管底顶升浇筑时应符合下列规定:

①应在钢管底部设置进料管,进料管应设止流阀门,止流阀门可在顶升浇筑的混凝土达到终凝后拆除。

②应合理选择顶升浇筑设备,控制混凝土顶升速度,钢管直径不宜小于泵管直径的 2 倍。

③浇筑完毕 30 min 后,应观察管顶混凝土的回落下沉情况,出现下沉时,应人工补浇管顶混凝土。

　　自密实混凝土宜避开高温时段浇筑。当水分蒸发速率过快时,应在施工作业面采取挡风、遮阳等措施。

　　一般来说,自密实混凝土适合于泵送浇筑。墙或柱的浇筑高度可在 4 m 左右。一般不采用吊斗浇筑的方式,因为其产生离析的可能性增大,难度较大。在必须用吊斗浇筑时,对配合比要求应更严格,同时应尽量减小出料口和模板入口的距离,必要时可加串筒。

　　柱子和墙浇筑前,检查钢筋间距及钢筋与模板间的距离至关重要。最好准备一根长钎,以便在必要时,进行适当的插捣排除可能截留的空气。

4.6　养　护

　　制定养护方案时,应综合考虑自密实混凝土性能、现场条件、环境温度及湿度、构件特点、技术要求、施工操作等因素。自密实混凝土浇筑完毕,应及时采用覆盖、蓄水、薄膜保湿、喷涂或涂刷养护剂等养护措施,养护时间不得少于 14 d。大体积混凝土应进行保温保湿养护,在每次混凝土浇筑完毕后,除应按普通混凝土进行常规养护外,尚应及时按温控技术措施的要求进行保温养护,养护措施应符合设计要求。当设计无具体要求时,应符合下列规定:

　　(1)应专人负责保温养护工作,并按相关规范的有关规定操作,同时应做好测试记录。

　　(2)保湿养护的持续时间不得少于 14 d,应经常检查塑料薄膜或养护剂涂层的完整情况,保持混凝土表面湿润。

　　(3)保温覆盖层的拆除应分层逐步进行,当混凝土的表面温度与环境最大温差小于 20 ℃时,可全部拆除。

　　在混凝土浇筑完毕初凝前,宜立即进行喷雾养护工作。塑料薄膜、麻袋、阻燃保温被等,可作为保温材料覆盖混凝土和模板,必要时,可搭设挡风保温棚或遮阳降温棚。在保温养护过程中,应对混凝土浇筑体的里表温差和降温速率进行现场监测,当实测结果不满足温控指标的要求时,应及时调整保温养护措施。高层建筑转换层的大体积混凝土施工,应加强进行养护,其侧模、底模的保温构造应在支模设计时确定。大体积混凝土拆模后,地下结构应及时回填土;地上结构应尽早进行装饰,不宜长期暴露在自然环境中。

对裂缝有严格要求的混凝土部位应适当延长养护时间。对于平面结构构件,混凝土初凝后,应及时采用塑料薄膜覆盖,并应保持塑料薄膜内有凝结水。混凝土强度达到 1.2 N/mm² 后,应覆盖保湿养护,条件许可时宜蓄水养护。垂直结构构件拆模后,表面宜覆盖保湿养护,也可涂刷养护剂。冬期施工时,不得向裸露部位的自密实混凝土直接浇水养护,应用保温材料和塑料薄膜进行保温、保湿养护,保温材料的厚度应经热工计算确定。采用蒸汽养护的预制构件,养护制度应通过试验确定。

4.7 质量检验与验收

自密实混凝土拌合物检验项目除应符合现行国家标准《混凝土结构工程施工质量验收规范》(GB 50204)的规定外,还应检验自密实性能,并应符合下列规定:

(1)混凝土自密实性能指标检验应包括坍落扩展度和扩展时间。

(2)出厂检验时,坍落扩展度和扩展时间应每 100 m³ 相同配合比的混凝土至少检验 1 次;当一个台班相同配合比的混凝土不足 100 m³ 时,检验不得少于 1 次。

(3)交货时坍落扩展度和扩展时间检验批次应与强度检验批次一致。

(4)实测坍落扩展度应符合设计要求,混凝土拌合物不得出现外沿泌浆和中心骨料堆积现象。

对掺引气型外加剂的自密实混凝土拌合物应检验其含气量,含气量应符合国家现行相关标准的规定。

自密实混凝土强度应满足设计要求,检验的试件应符合下列规定:

(1)出厂检验试件留置方法和数量应符合现行国家标准《预拌混凝土》(GB/T 14902)的规定。

(2)交货检验试件留置方法和数量应符合现行国家标准 GB 50204 的规定。

对有耐久性设计要求的自密实混凝土,还应检验耐久性项目,其试件留置方法和数量应符合现行行业标准《混凝土耐久性检验评定标准》(JGJ/T 193)的规定。混凝土拌合物自密实性能的试验方法应参照《自密实混凝土应用技术规程》(JGJT 283)或《高抛免振捣混凝土应用技术规程》(JGJT 296)或《自密实混凝土应用技术规程》(CECS 203)执行。混凝土拌合物的其他性能试验方法应按现行国家标准《普通混凝土拌合物性能试验方法标准》(GB/T 50080)的规定执行。自密实混凝土的力学性能、长期性能和耐久性能试验方法应分别按现行国家标准《普通混凝土力学性能试验方法标准》(GB/T 50081)和《普通混凝土长期性能和耐久性能试验方法标准》(GB/T 50082)的规定执行。

自密实混凝土强度应按现行国家标准《混凝土强度检验评定标准》(GB/T 50107)的规定进行检验评定。自密实混凝土耐久性能应按现行行业标准《混凝土耐久性检验评定标准》(JGJ/T 193)的规定进行检验评定。自密实混凝土工程质量验收应按现行国家标准 GB 50204 的规定执行。

4.8　特种自密实混凝土的生产

4.8.1　人工砂自密实混凝土

人工砂质地坚硬、颗粒表面粗糙、有害杂质含量少,其级配中大于4.75 mm和小于0.08 mm的颗粒均较高,2.6 mm的累计筛余量较大,石粉含量高、级配合理性差。使用人工砂配制的自密实混凝土和天然砂自密实混凝土相比,配合比有较大差异。如应根据人工砂的石粉含量调整自密实混凝土的水胶比;掺加增稠剂,复掺粉煤灰和硅灰等改善和易性等。

因此,在相同条件下,与使用天然砂相比,配制相同和易性的自密实混凝土,使用人工砂用水量增加 5～10 kg/m³,混凝土中粗骨料用量宜小于1 000 kg/m³,砂率应增大至45%～50%,掺加3%～5%(质量分数)的硅灰和适量的粉煤灰和矿粉,提高外加剂的引气能力。

特殊情况下,可先采取水洗等措施,降低人工砂的石粉含量。

4.8.2　高强自密实混凝土

在现代,高强自密实混凝土是必然的发展方向之一,其具有强度高、变形小等众多优点。但是,高强自密实混凝土由于粘度过高,从而实现自密实较为困难,不易达到较高的和易性和耐久性。

生产制备高强自密实混凝土时,使用的水泥要求其 C_3A 和碱含量均较低;应选择坚硬、级配好、洁净、吸水率较低的骨料,粗骨料粒型尽可能方圆,针片状含量少,优先选择粒径为 5~15 mm 连续级配,最大粒径不宜超过 20 mm,细骨料宜选用级配良好的中砂或粗砂;粉煤灰最好选择 Ⅰ 级灰,并可以通过复掺硅灰来调整混凝土拌合物的和易性;应选择减水率大于 25% 的,具有低引气、高增强、低掺量、坍落度经时损失小的优质外加剂。

配合比设计时应根据不同骨料的级配,确定混掺时的最低空隙率,在保证流动性条件下,适当提高胶凝材料胶砂强度值,以水泥和矿粉为主要胶凝材料,粉煤灰作为辅助胶凝材料。

高强自密实混凝土质量受各过程因素影响较大,因此,生产前必须做好原材料检测、生产设备的维护等准备工作。

不同的搅拌工艺对自密实混凝土拌合物和易性影响较大,可通过试生产,进一步确定原材料的投料顺序和搅拌时间。特别应注意的是,搅拌时间应比普通混凝土生产时要长一些,不然将无法保证获得要求的和易性。而且在调整外加剂掺量的同时,必须对搅拌时间做出相应的调整,不然易出现离析。同时,应考虑运输距离、环境因素等,尽量控制自密实混凝土的坍落度经时损失。

高强自密实混凝土的单方用水量较低,通常都小于 160 kg,其拌合物和易性对高效减水剂依赖性较大,因而混凝土拌合物黏性大。有资料显示,水胶比为 0.385 时,混凝土黏着力达到 0.01 MPa,而水胶比为 0.28 时,混凝土的黏着力可达 0.04 MPa,易造成泵送压力过大,泵送困难,甚至发生堵管、爆管等事故。针对这一情况,应选用高减水率的外加剂,尽可能地增加混凝土拌合物的坍落度和坍落扩展度,并使用高泵压的泵送设备。

4.8.3 轻骨料自密实混凝土

轻骨料自密实混凝土是在自密实混凝土的基础上发展起来的,它是用轻骨料制备的一种表观密度小于 1 950 kg/m³ 的高性能混凝土。日本学者 Kobayashi.K 最早提出了轻骨料自密实混凝土的概念。

相比于普通自密实混凝土,轻骨料自密实混凝土具有如下特点:

（1）轻骨料的筒压强度、粒径级配、颗粒形状和吸水率对自密实混凝土的力学性能影响巨大。

（2）轻骨料自密实混凝土的强度低于相同等级的普通混凝土，且粉煤灰掺量越大，强度越低。

（3）轻骨料自密实混凝土的强度大于普通轻骨料混凝土。

（4）轻骨料自密实混凝土由于胶凝材料用量大，比普通混凝土韧性更好，弹性模量更小，结构自振周期小，有利于结构的抗震性。

（5）轻骨料自密实混凝土可以避免碱骨料反应的危害。

轻骨料自密实混凝土的生产具有一定的特殊性，需要在保证混凝土拌合物具有较大流动性的同时，轻骨料不上浮不漂移。通常需要对轻骨料进行一定的预处理。一种方法是预吸水，轻骨料吸水后，自重增加，其抗离析分层能力大大提高，而且在搅拌过程中不再吸水，有利于对拌合物用水量的控制。另一种方法是水泥裹浆，使用低水胶比的水泥浆在预湿的轻骨料表面进行包裹，形成包壳，从而降低轻骨料的漂浮倾向。轻骨料预处理一般要在施工前24 h进行，如采用预吸水法，应在搅拌前1 h停止淋水，并测定沥水后轻骨料的含水率，在拌合水中扣除。

轻骨料自密实混凝土在搅拌时的投料次序要特别注意，通常应先进行干料预混，再将水和外加剂加入。

在轻骨料自密实混凝土浇筑时，如出现表层陶粒露面，可以用木拍及时将浮于表层的轻骨料压入混凝土中。情况严重时，可以采取砂浆返上，进行抹面处理。

4.8.4　纤维自密实混凝土

纤维掺入自密实混凝土中后，可以显著改善其某些性能。存在于硬化混凝土内部的纤维，处于无规则状态，可以有效限制混凝土内部的微裂缝扩展和宏观开裂，还可以提高混凝土的韧性。常用纤维包括钢纤维和聚丙烯纤维等。其中，钢纤维的掺入可以有效提高钢筋和混凝土之间的极限黏结应力，提高混凝土的塑性和应力重分布能力；而聚丙烯纤维通常被用于减少混凝土的早期开裂。

钢纤维的选择是钢纤维自密实混凝土生产的重要环节。目前，市面上钢纤维的种类繁多,性能差异较大。钢纤维的性能取决于其化学成分、长度、断面形状、长径比、端头锚固形式和加工方式等。不同形式的钢纤维在混凝土中均匀分散后的有效根数差别巨大。如按体积率,普通钢纤维一般掺量为 $50~kg/m^3$,而采用钢丝型短纤维的掺量为 $20~kg/m^3$,两者钢纤维有效根数相差 $5\sim20$ 倍,对混凝土抗拉强度提高效果差异也较大。因此,在自密实混凝土配合比设计中,主要选择钢丝型钢纤维,而其他形式的钢纤维对混凝土的工作性改变非常大,经常会导致拌合物坍落度损失较大,现场施工要求较高。掺加钢纤维的自密实混凝土主要应用在工业地坪、市政路面等工程中,不同的工程中对钢纤维的抗拉强度要求不一样。通常,在高强度等级混凝土测试中,钢纤维被拉断,而在低强度等级混凝土测试中,钢纤维多被拉出。因而,自密实混凝土等级越高,选择的钢纤维抗拉强度应该越高。否则,钢纤维一旦被过早拉断,将起不到对混凝土抗裂性能的增强作用。自密实混凝土通常强度等级较高,拌合物稠度较大,而掺加钢纤维后,由于骨架效应,对拌合物的流动性不利,且随钢纤维的掺量增加,而影响越严重。因此,为了保证钢纤维自密实混凝土具有足够的和易性,应该选择洁净的、级配良好的骨料和优质外加剂。同时,粗骨料级配中的小颗粒数量对钢纤维自密实混凝土和易性影响较大。

钢纤维自密实混凝土在生产制备时,应注意将钢纤维与砂石骨料一起进行投料,而其他原料的投放与普通混凝土相同,且其搅拌时间应延长 50%。

钢纤维自密实混凝土在泵送过程中,必须要注意保持泵送的连续性。一旦出现长时间停泵,在泵管的接口处,极易出现钢纤维混凝土粘管堵泵问题,且很难清洗。在泵管铺设时,应注意尽量减少弯头数量,增加弯头角度,泵管接口处一定要紧密连接。钢纤维自密实混凝土在泵送时,泵压较大,泵管振动大,必要时要采取预埋件抱箍固定竖向泵管,混凝土墩加固水平泵管。同时为了保护泵管,在加固处应设置橡胶垫。在出泵口前端应设置止回阀,以方便清洗与维护。

夏季施工时,如有条件,应对泵管进行遮盖处理,避免泵管内混凝土坍落度损失过快。冬季施工时,应对泵管进行保温,避免受冻。

4.8.5 再生粗骨料自密实混凝土

近年来,随着资源的日益紧张和建筑业可持续发展的要求,再生骨料的研究和应用越来越广泛。再生骨料也可以应用到自密实混凝土中,其具有较为鲜明的特点。与天然骨料相比,再生骨料表面附有水泥砂浆,因而孔隙率大,吸水率高,且吸水速度快,表观密度和堆积密度均较小,坚固性较低,耐磨性较差。

再生骨料的环境效益显著,其发展是必然趋势。再生骨料在自密实混凝土中应用,应注意以下问题:

(1)使用再生骨料的自密实混凝土强度等级不宜过高。再生骨料自身的强度受骨料原强度影响较大,比天然骨料要低,因而,在高等级的混凝土中,再生骨料强度影响较大。通常,使用再生骨料的自密实混凝土强度等级不应超过 C50。

(2)再生骨料表面越粗糙,配制的自密实混凝土力学性能就越好。

(3)由于再生骨料吸水性较强,在混凝土凝结硬化过程中,干缩较大,黏结界面易出现张拉应力,从而导致微裂缝。

再生大骨料自密实混凝土是一种新型堆积体混凝土。其做法是先将粒径为 100~150 mm 的再生大骨料堆积后,再将自密实混凝土进行浇筑。利用自密实混凝土的高流动性能,均匀充分地填充再生大骨料堆积体中的空隙,形成密实的整体。

第5章 自密实混凝土的性能

自密实混凝土被称为近几十年中混凝土建筑技术最具革命性的发展,这是因为自密实混凝土拥有众多优点。

(1)能够确保混凝土密实。

(2)生产效率大大提高,由于不需要振捣,避免了振捣对模板产生的损坏,混凝土浇筑作业需要的时间大幅度缩短,工人劳动强度大幅度降低,需要工人数量减少。

(3)改善工作环境和提高了施工安全性,消除了振捣噪声污染。

(4)混凝土表面美观,表面无气泡或出现蜂窝麻面。

(5)增加了结构设计的自由度。使形状复杂、薄壁和密集配筋的结构能够正常地浇筑施工。

(6)可以降低工程整体综合造价。

自密实混凝土的性能主要包括自密实混凝土拌合物性能和硬化自密实混凝土性能两个方面。自密实混凝土拌合物性能与普通混凝土相差很大,其硬化性能与普通混凝土相似。

5.1 拌合物的性能

由各种组成材料按照一定的配合比混合、拌制而成的具有可塑性的浆体,称为混凝土拌合物,又称新拌混凝土。自密实混凝土拌合物应便于施工,保证浇筑质量,其主要技术性质包括以下几个方面。

5.1.1 凝结时间

自密实混凝土由于组成材料配合比不同于普通混凝土,所以其凝结时间一般较长,可达 10 h 左右,尤其温度较低时更为严重。但初、终凝时间间隔短,一旦凝结,强度很快就会增长。可以通过使用适宜的混凝土外加剂调整自密实混凝土的凝结时间。如夏季掺加适量缓凝剂,而冬季则掺加早强剂等。自密实混凝土拌合物应满足普通混凝土拌合物对凝结时间的要求。

通常从混凝土拌合物中筛出的砂浆,用贯入阻力法来确定自密实混凝土拌合物的凝结时间。贯入阻力仪应由加荷装置、测针、砂浆试样筒和标准筛组成,可以是手动的,也可以是自动的。贯入阻力仪的加荷装置(灌入阻力仪)最大测量值不小于 1 000 N,精确至 ±10 N。长约 100 mm,承压面积为 100 mm²、50 mm² 和 20 mm² 三种,在距离贯入端 25 mm 处刻有一圈标记。砂浆试样筒上口直径为 160 mm,下口直径为 150 mm,净高 150 mm,刚性不透水,并配有盖子。捣棒直径为 16 mm,长为 650 mm。标准筛为孔径 4.75 mm 的金属方孔筛。

凝结时间试验应按下列步骤进行:

(1)取混凝土拌合物试样,用 4.75 mm 筛尽快地筛出砂浆,在经过人工翻拌均匀后,一次装入一个试模。每批混凝土拌合物取一个试样,共取三个试样,分装三个试模。用捣棒人工捣实,沿螺旋方向由外向中心均匀插捣 25 次,然后用橡皮锤轻击试模侧面以排除在捣实过程中留下的空洞,进一步整平砂浆的表面,使其低于试模上沿约 10 mm,砂浆试样筒应立即加盖。

(2)砂浆试样制备完毕,编号后应置于温度为 20 ℃±2 ℃的环境中或现场同条件下待试,并在以后的整个测试过程中,环境温度应始终保持为 20 ℃ ±2 ℃。现场同条件下测试时,应与现场条件保持一致。在整个测试过程中,除在吸取泌水或进行贯入试验外,试样筒应始终加盖。

(3)凝结时间测定从水泥与水接触瞬间开始计时。根据混凝土拌合物的性能,确定测针试验时间,以后每隔 0.5 h 测试一次,在邻近初、凝时可增加测定次数。

(4)在每次测试前 2 min,将一片 20 mm 厚的垫块垫入底部,使其倾斜,用吸管吸取表面的泌水,吸水后平稳地复原。

(5)测试时将砂浆试样筒置于贯入阻力仪上,测针端部与砂浆表面接触,然后在(10±2)s 内均匀地使测针贯入砂浆深度为(25±2)mm,记录贯入压力,精确至 10 N;记录测试时间,精确至 1 min;记录环境温度,精确至 0.5 ℃。

(6)各测点的间距应大于测针直径的两倍且不小于 15 mm,测点与试样筒壁的距离应不小于 25 mm。

(7)每个试样在 0.2～28 MPa 间做贯入阻力测试,应至少进行 6 次,最后一次的单位面积贯入阻力应不低于 28 MPa。从加水时算起,常温下普通混凝土 3 h 后开始测定,每次间隔为 0.5 h;早强混凝土或气温较高的情况下,则宜在 2 h 后开始测定,以后每隔 0.5 h 测一次;缓凝混凝土或低温情况下,可在 5 h 后开始测定,以后每隔 2 h 测一次。在临近初、终凝时间时可增加测定次数。

(8)在测试过程中应根据砂浆凝结状况,适时更换测针。更换测针宜按表 5.1 选用。

表 5.1　测针选用参考表

单位面积贯入阻力/MPa	0.2～3.5	3.5～20.0	20.0～28.0
平头测针圆面积/m²	100	50	20

贯入阻力应按下式计算(计算应精确至 0.1 MPa):

$$f_{pk} = P/A \tag{5.1}$$

式中　f_{pk}——贯入阻力,MPa;

　　　P——贯入压力,N;

　　　A——测试面积,mm²。

凝结时间宜通过线性回归方法确定,即将贯入阻力 f_{pk} 和时间 t 分别取自然对数 $\ln f_{pk}$ 和 $\ln t$,然后以 $\ln f_{pk}$ 为自变量,$\ln t$ 当作因变量做线性回归得到回归方程式:

$$\ln t = A + B\ln f_{pk} \tag{5.2}$$

式中　t——时间,min;

　　　f_{pk}——贯入阻力,MPa;

　　　A、B——线性回归系数。

根据式(5.3)、(5.4)求得当贯入阻力为 3.5 MPa 时为初凝时间 t_s,贯入阻力为 28 MPa 时为终凝时间 t_e:

$$t_s = e(A + B\ln 3.5) \tag{5.3}$$

$$t_e = e(A + B\ln 28) \tag{5.4}$$

凝结时间也可用绘图拟合方法确定,即以贯入阻力为纵坐标,经过的时间为横坐标(精确至 1 min),绘制出贯入阻力与时间之间的关系曲线。以

3.5 MPa和28 MPa画两条平行于横坐标的直线,分别与曲线相交的两个交点的横坐标即分别为混凝土拌合物的初凝时间和终凝时间。

用3个试验结果的初凝时间和终凝时间的算术平均值分别作为此次试验的初凝时间和终凝时间。如果3个测值的最大值或最小值中有一个与中间值之差超过中间值的10%,则以中间值为试验结果;如果最大值和最小值与中间值之差均超过中间值的10%时,则此次试验无效。凝结时间用 h:min 表示,并修约至 5 min。

三种规格的针,试验时从粗到细,依次使用,当压入不到规定深度时,或能压入但测针周围试样有松动隆起时,应考虑换针。

5.1.2 自密实性

自密实混凝土除了需满足黏聚性和保水性等的要求外,还应满足自密实性能的要求。自密实混凝土拌合物的自密实性能主要包括流动性、抗离析性和填充性。坍落度是衡量自密实混凝土自密实性能的重要技术指标,一般要求自密实混凝土的坍落度应为 20~25 cm。自密实混凝土坍落度如果太低,不能满足自密实混凝土浇筑后密实度要求;反之,坍落度过大,则在运输、浇筑等过程中粗骨料易产生离析,混凝土浇筑后容易产生蜂窝麻面。自密实混凝土虽然初期的坍落度很大,但往往坍落度的经时损失比较大,应选用合适的高效减水剂及水泥,解决这一问题。自密实混凝土比一般的大流动性混凝土用水量少,所以当坍落度相同时,泌水量也较少。自密实混凝土流动性较大,在存在压力梯度的地方,水泥浆有可能会与骨料分离,产生离析现象。如果离析程度比较严重,就会产生内部孔洞,达不到自密实的效果。

国外大多用拌合物的坍落扩展度,即拌合物坍落后铺展的直径,作为自密实混凝土流变性能的评价指标。其中日本一般要求自密实混凝土的坍落扩展度为 50~70 mm。认为当超过 70 mm 时,拌合物易产生离析;不到 50 mm 时,则发生堵塞的可能性大大增加。自密实拌合物抗离析性用坍落流动速率来评定。坍落流动速率用自密实混凝土拌合物坍落后铺展到直径为 50 cm 的时间除以流动距离 15 cm 的值表示。坍落流动速率越快,说明流动性越好,过快则容易离析。也有在一种 L 形流动性测定装置的转角处装置传感器测定拌合物流动初始的速率,来判断拌合物的抗离析性的方法。抗离析性直接影响自密实混凝土拌合物浇筑后的均匀性。通过检测水平流动至不同部位或垂直浇筑到不同高度的拌合物中粗骨料的含量,可评定拌合物均质性。

我国对自密实混凝土拌合物的自密实性能测试方法包括坍落扩展度和扩展时间试验方法、J 环扩展度试验方法、离析率筛析试验方法、粗骨料振动离析率跳桌试验方法。

坍落扩展度和扩展时间试验方法用于测试自密实混凝土拌合物的填充性。自密实混凝土的坍落扩展度和扩展时间试验应采用下列仪器设备:

(1)混凝土坍落度筒。

(2)底板应为硬质不吸水的光滑正方形平板,边长应为 1 000 mm,最大挠度不得超过 3 mm,并应在平板表面标出坍落度筒的中心位置和直径分别为 200 mm、300 mm、500 mm、600 mm、700 mm、800 mm 及 900 mm 的同心圆,如图 5.1 所示。

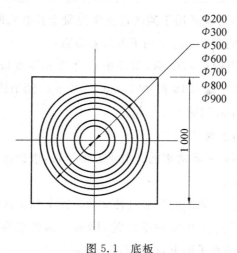

图 5.1 底板

自密实混凝土拌合物的填充性能试验应按下列步骤进行:

(1)应先润湿底板和坍落度筒,坍落度筒内壁和底板上应无明水;底板应放置在坚实的水平面上,并把筒放在底板中心,然后用脚踩住两边的脚踏板,坍落度筒在装料时应保持在固定的位置。

(2)应在混凝土拌合物不产生离析的状态下,利用盛料容器一次性使混凝土拌合物均匀填满坍落度筒,且不得捣实或振动。

（3）应采用刮刀刮除坍落度筒顶部及周边混凝土余料，使混凝土与坍落度筒的上缘齐平后，随即将坍落度筒沿铅直方向匀速地向上快速提起300 mm 左右的高度，提起时间宜控制在 2 s。待混凝土停止流动后，应测量展开圆形的最大直径，以及与最大直径呈垂直方向的直径。自开始入料至填充结束应在 1.5 min 内完成，坍落度筒提起至测量拌合物扩展直径结束应控制在 40 s 之内完成。

（4）测定扩展度达 500 mm 的时间（T500）时，应自坍落度筒提起离开地面时开始，至扩展开的混凝土外缘初触平板上所绘直径 500 mm 的圆周为止，应采用秒表测定时间，精确至 0.1 s。

混凝土的扩展度应为混凝土拌合物坍落扩展终止后扩展面相互垂直的两个直径的平均值，测量应精确至 1 mm，结果修约至 5 mm。应观察最终坍落后的混凝土状况，当粗骨料在中央堆积或最终扩展后的混凝土边缘有水泥浆析出时，可判定混凝土拌合物抗离析性不合格，应予记录。

J 环扩展度试验方法适用于测试自密实混凝土拌合物的间隙通过性。自密实混凝土 J 环扩展度试验应采用下列仪器设备：

（1）J 环，应采用钢或不锈钢，圆环中心直径和厚度应分别为 300 mm、25 mm，并用螺母和垫圈将 16 根 Φ16 mm×100 mm 圆钢锁在圆环上，圆钢中心间距应为 58.9 mm，如图 5.2 所示。

（2）混凝土坍落度筒。

（3）底板应采用硬质不吸水的光滑正方形平板，边长应为 1 000 mm，最大挠度不得超过 3 mm。

自密实混凝土拌合物的间隙通过性试验应按下列步骤进行：

（1）应先润湿底板、J 环和坍落度筒，坍落度筒内壁和底板上应无明水。底板应放置在坚实的水平面上，J 环应放在底板中心。

（2）应将坍落度筒倒置在底板中心，并应与 J 环同心，然后将混凝土一次性填充至满。

（3）应采用刮刀刮除坍落度筒顶部及周边混凝土余料，随即将坍落度筒沿垂直方向连续地向上提起 300 mm，提起时间宜为 2 s。待混凝土停止流动后，测量展开扩展面的最大直径以及与最大直径呈垂直方向的直径。自开始入料至提起坍落度筒应在 1.5 min 内完成。

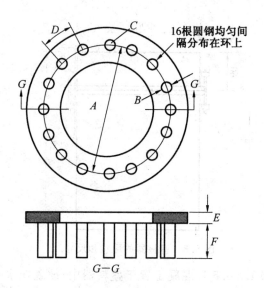

16根圆钢均匀间隔分布在环上

图 5.2　J 环的形状和尺寸

A—(300 ± 3.3)mm；B—(38 ± 1.5)mm；C—(16 ± 3.3)mm

D—(58.9 ± 1.5)mm；E—(25 ± 1.5)mm；F—(100 ± 1.5)mm

（4）J 环扩展度应为混凝土拌合物坍落扩展终止后扩展面相互垂直的两个直径的平均值，测量应精确至 1 mm，结果修约至 5 mm。

自密实混凝土间隙通过性指标（PA）结果应为测得的混凝土坍落扩展度与 J 环扩展度的差值。应目视检查 J 环圆钢附近是否有骨料堵塞，当粗骨料在 J 环圆钢附近出现堵塞时，可判定混凝土拌合物间隙通过性不合格，应予记录。

离析率筛析试验方法适用于测试自密实混凝土拌合物的抗离析性。自密实混凝土离析率筛析试验应采用下列仪器设备和工具：

（1）天平，应选用称量 10 kg、感量 5 g 的电子天平。

（2）试验筛，应选用公称直径为 5 mm 的方孔筛，且应符合现行国家标准《金属穿孔板试验筛》（GB/T 6003.2）的规定。

（3）盛料器，应采用钢或不锈钢，内径为 208 mm，上节高度为 60 mm，下节带底净高为 234 mm，在上、下层连接处需加宽 3～5 mm，并设有橡胶垫圈，如图 5.3 所示。

自密实混凝土拌合物的抗离析性筛析试验应按下列步骤进行：

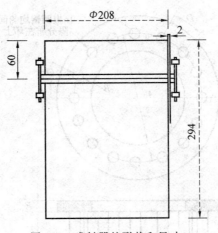

图 5.3 盛料器的形状和尺寸

(1)应先取 10 L±0.5 L 混凝土置于盛料器中,放置在水平位置上,静置 15 min±0.5 min。

(2)将方孔筛固定在托盘上,然后将盛料器上的混凝土移出,倒入方孔筛;用天平称量其 m_0,精确到 1 g。

(3)倒入方孔筛后,静置 120 s±5 s 后,先把筛及筛上的混凝土移走,用天平称量筛孔流到托盘上的浆体质量 m_1,精确到 1 g。

自密实混凝土拌合物离析率(SR)应按下式计算:

$$SR = m_1/m_0 \times 100\%$$ (5.5)

式中 SR——混凝土拌合物离析率(%),精确到 0.1%;

m_1——通过标准筛的砂浆质量,g;

m_0——倒入标准筛混凝土的质量,g。

粗骨料振动离析率跳桌试验方法适用于测试自密实混凝土拌合物的抗离析性能。粗骨料振动离析率跳桌试验应采用下列仪器设备和工具:

(1)检测筒应采用硬质、光滑、平整的金属板制成,检测筒内径应为 115 mm,外径应为 135 mm,分三节,每节高度均应为 100 mm,并应用活动扣件固定,如图 5.4 所示。

(2)跳桌振幅应为 25 mm±2 mm。

(3)天平,应选用称量 10 kg、感量 5 g 的电子天平。

(4)试验筛,应选用公称直径为 5 mm 的方孔筛,其性能指标应符合现行

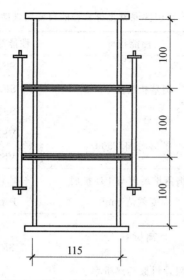

图 5.4 检测筒尺寸

国家标准《金属穿孔板试验筛》(GB/T 6003.2)的规定。

自密实混凝土拌合物的抗离析性跳桌试验应按下列步骤进行：

(1)应将自密实混凝土拌合物用料斗装入稳定性检测筒内,平至料斗口,垂直移走料斗,静置 1 min,用抹刀将多余的拌合物除去并抹平,且不得压抹。

(2)应将检测筒放置在跳桌上,每秒转动一次摇柄,使跳桌跳动 25 次。

(3)应分节拆除检测筒,并将每节筒内拌合物装入孔径为 5 mm 的圆孔筛子中,用清水冲洗拌合物,筛除浆体和细骨料,将剩余的粗骨料用海绵拭干表面的水分,用天平称其质量,精确到 1 g,分别得到上、中、下三段拌合物中粗骨料的湿重 m_1、m_2、m_3。

粗骨料振动离析率应按下式计算：

$$f_m = \frac{m_3 - m_1}{\overline{m}} \times 100\% \qquad (5.6)$$

式中　f_m——粗骨料振动离析率(%),精确到 0.1%;

　　　$\overline{m}$——三段混凝土拌合物中湿骨料质量的平均值,g;

　　　m_1——上段混凝土拌合物中湿骨料的质量,g;

　　　m_3——下段混凝土拌合物中湿骨料的质量,g。

自密实混凝土拌合物的自密实性能及要求应符合表 5.2 规定。

表 5.2　自密实混凝土拌合物的自密实性能及要求

自密实性能	性能指标	性能等级	技术要求
填充性	坍落扩展度 /mm	SF1	550～655
		SF2	660～755
		SF3	760～850
	扩展时间 T500/s	VS1	$\geqslant 2$
		VS2	< 2
间隙通过性	坍落扩展度与 J 环扩展度差值 /mm	PA1	$25 < \text{PA1} \leqslant 50$
		PA2	$0 \leqslant \text{PA2} \leqslant 25$
抗离析性	离析率 /%	SR_1	$\leqslant 20$
		SR_2	$\leqslant 15$
	粗骨料振动离析率 /%	f_m	$\leqslant 10$

注：当抗离析试验结果有争议时，以离析率筛析法试验结果为准

不同性能等级自密实混凝土的应用范围应按表 5.3 确定。

表 5.3　不同性能等级自密实混凝土的应用范围

自密实性能	性能等级	应用范围	重要性
填充性	SF1	①从顶部浇筑的无配筋或配筋较少的混凝土结构物 ②泵送浇筑施工的工程 ③截面较小，无需水平长距离流动的竖向结构物	控制指标
	SF2	适合一般的普通钢筋混凝土结构	
	SF3	适用于结构紧密的竖向构件、形状复杂的结构等（粗骨料最大公称粒径应小于 16 mm）	
	VS1	适用于一般的普通钢筋混凝土结构	
	VS2	适用于配筋较多的结构或有较高混凝土外观性能要求的结构，应严格控制	

续表 5.3

自密实性能	性能等级	应用范围	重要性
间隙通过性	PA1	适用于钢筋净距 80～100 mm	可选指标
	PA2	适用于钢筋净距 60～80 mm	
抗离析性	SR_1	适用于流动距离小于 5 m、钢筋净距大于 80 mm 的薄板结构和竖向结构	可选指标
	SR_2	适用于流动距离超过 5 m、钢筋净距大于 80 mm 的竖向结构。也适用于流动距离小于 5 m、钢筋净距小于 80 mm 的竖向结构,当流动距离超过 5 m,SR 值宜小于 10%	

5.1.3 影响自密实性的主要因素

影响混凝土自密实性的主要因素有以下两方面。

1. 混凝土拌合物组成材料的性质及用量比例

(1)浆体的数量与稠度。在自密实混凝土拌合物中,浆体的数量和稠度决定了其填充和润滑作用的优劣。浆体数量增多时,混凝土拌合物流动性会随之增大。浆体量过多时,又会导致跑浆现象,产生离析,降低了拌合物的抗离析性;浆体量过少时,则不能填满骨料间的空隙,不能很好地包裹骨料表面,导致拌合物缺少黏结物质,黏聚性变差。水胶比越小,浆体稠度越大,拌合物抗离析性强,但流动性差;水胶比越大,浆体越稀,又会造成拌合物黏聚性不好,保水性差,产生离析。实际上,无论是水泥浆数量的多少,还是水泥浆稠度的大小,都和混凝土中用水量的关系密切。但不能单纯通过改变用水量的办法来调整自密实混凝土拌合物的流动性。

(2)砂率。砂率是指混凝土中砂的质量占砂、石总质量的百分率。砂率变化,会引起骨料的堆积空隙和总表面积发生较大的变化,从而对自密实混凝土拌合物的自密实性产生显著影响。在浆体量一定时,砂率越大,骨料的总表面积越大,所需包裹骨料表面的浆体越多,起润滑作用的浆体相对较少,砂率超过一定值后,使得混凝土拌合物流动性减少,抗离析性增加;反之,若砂率过小,形成的砂浆不足以填满石子之间的空隙,粗骨料间的浆体变少,同样会降低混凝土拌合物的流动性,并影响抗离析性。因此自密实混凝土必须选择能够满足其自密实性的合理砂率。一般粗骨料最大粒径较大、级配较好、表面较光滑时,可适当降低砂率;砂的细度模数较小时,由于砂中细颗粒多,拌合物的黏聚性较好,也可适当降低砂率;水胶比较小时,拌合物稠度较大、黏聚性较好,也可适当降低砂率;掺用引气型外加剂时,可适当降低砂率。总的来说,一般自密实混凝土施工要求流动性大、抗离析性好、填充性好,所以比普通混凝土采用的砂率要大一些。

(3)水泥。自密实混凝土由于自身特点,水泥用量较大。水泥的品种和细度不同,对于水的吸附作用不同,这都会影响到所拌制混凝土拌合物的自密实性。如需水量大的水泥在其他条件相同的情况下,比需水量小的水泥拌制的自密实混凝土流动性小。用混合材掺量大的水泥比用硅酸盐水泥、普通水泥拌制的自密实混凝土流动性大。用矿渣水泥拌制自密实混凝土抗离析性差。

(4)粗细骨料。粗细骨料的级配、颗粒形状、表面特征及最大粒径均对自密实混凝土的自密实性产生影响。一般来说,级配良好的粗细骨料拌制的自密实混凝土流动性好,抗离析性和填充性也较好;粗骨料中针、片状颗粒较多时,导致自密实混凝土的流动性减少,易产生离析;表面光滑的粗细骨料拌制的自密实混凝土的流动性较好;粗骨料最大粒径越大、细骨料细度模数越大时,骨料的总表面积越小,拌制的自密实混凝土流动性就越好。

(5)外加剂和矿物掺合料。混凝土中外加剂和矿物掺合料可显著改善拌合物的自密实性,使混凝土在不增加用水量的条件下增加流动性、抗离析性和填充性,包括优质粉煤灰、硅灰等矿物掺合料和高效减水剂等。

2. 混凝土拌合物所处的环境条件

(1)时间、温度和湿度。随着时间的延长,水泥水化、水分蒸发以及水泥浆凝聚结构的形成等使得混凝土中起润滑作用的自由水逐渐减少,混凝土拌合物的自密实性变差,且损失较大。同时,自密实混凝土的自密实性还受温度和湿度的影响。气温越高,湿度越小,则水分蒸发及水泥水化反应速度越快,自密实性损失越快。为保证混凝土拌合物的自密实性,在实际施工中,应根据环境温度、湿度等条件的变化,采取相应控制自密实性损失的措施。

(2)搅拌条件。用强制式搅拌机比用自落式搅拌机效果好,可以获得较好的自密实性。自密实混凝土一般采用双卧轴强制式搅拌机搅拌。自密实混凝土搅拌时间应比普通混凝土长。一定程度内搅拌时间越长,拌合物的自密实性越好,但搅拌时间一旦过长,反而会使自密实性降低。

改善自密实混凝土自密实性通常采取下列措施:

①适宜的水泥品种和用量。

②级配良好和粗细程度适宜的砂、石料,合理砂率。

③通过掺加适量的矿物掺合料,调整浆体稠度和数量。

④适宜的外加剂种类和用量。

⑤适宜的搅拌时间。

调整自密实混凝土自密实性时,不得影响混凝土其他性质,不能降低混凝土强度和耐久性。

自密实性能等级的选择主要取决于结构条件和施工条件。工程结构条件主要包括断面形状与尺寸、配筋状况等,施工条件主要是指模板材质与形状、施工区间、泵送距离、最大自由下落高度、最大水平流动距离等。不同工程结构条件、施工条件要求自密实混凝土的填充性、抗离析性和间隙通过性不同。而自密实混凝土一般不需要每个指标均达到最高标准,只需重点针对其中一项或几项指标即可。

一般所有自密实混凝土都可以用流动度来限定,而通过性、黏性和抗离析性等只在特殊需要限定的情况下才会被着重考虑。通常,在增强钢筋或钢板很少或不存在的情况下,通过性指标就可以不用考虑;在混凝土表面有光滑度要求时,黏性就必须考虑;自密实混凝土流动性越大,黏性就越低,这时抗离析性就不能被忽视。

5.2 硬化混凝土的性能

5.2.1 变形性能

自密实混凝土的变形分非荷载作用下的变形和荷载作用下的变形两大类。

1.尺寸稳定性

自密实混凝土的非荷载作用下的变形主要关注的是收缩。在硬化期间及其使用过程中,由于各种环境因素和各种约束作用下会产生拉应力,当拉应力超过了自密实混凝土抗拉强度,便会引起自密实混凝土的开裂,导致自密实混凝土的强度和耐久性降低。

与普通混凝土相比,自密实混凝土组成上具有低水胶比、高活性矿物掺合料、粗骨料颗粒小、胶凝材料用量大等特点。其水化速度更快,水化放热更高。水泥石结构更密实,总孔隙率低,孔隙更细化,界面过渡区不明显。因而其容易出现早期体积稳定性差、易开裂等问题。

(1)化学收缩。由于水泥水化生成物的体积比反应前物质的总体积小,而使自密实混凝土产生的收缩称为化学收缩,又称为自收缩,属不可恢复的变形。一般化学收缩值较小,对结构物没有明显的破坏作用。但化学收缩是混凝土中微裂缝产生的原因之一。化学收缩随硬化龄期的延长而增加,大致与时间的对数成正比,一般在混凝土成型后40多天内增长较快,以后逐渐趋于稳定。与普通混凝土相比,自密实混凝土化学收缩更加严重,而且水化早期更明显。影响自密实混凝土化学收缩的因素包括如下几方面:

①粉煤灰掺量。随着粉煤灰掺量的增加,自密实混凝土长龄期的化学收缩量逐渐降低。这主要是因为粉煤灰多为球体颗粒,表面光滑,比水泥颗粒的需水量小,使得相同水胶比条件下的水泥石浆体中的自由水熟料增加,进而降低了化学收缩。此外,粉煤灰自身是为了取代一部分水泥而加入的,因此自密实混凝土早期水化反应减弱,化学收缩降低。

②减水剂的种类。通常,在保证自密实混凝土和易性基本相同的条件下,萘系减水剂对自密实混凝土化学收缩影响最大,而聚羧酸减水剂最小。不同种类减水剂在1 d内对自密实混凝土化学收缩的影响基本一致,而之后差别逐渐显现。在保证相同和易性条件下,减水剂有效组分掺量越大,对自密实混凝土的缓凝效果越好,早期的化学收缩越小。

③水胶比。随着水胶比的降低,自密实混凝土的化学收缩逐渐增加。1 d龄期内,自密实混凝土的化学收缩最为剧烈,可达到7 d龄期化学收缩的70%以上。这一阶段粉煤灰等矿物掺合料参与水化反应较少,混凝土内部的水分随水泥水化不断消耗,化学收缩较显著。同时,早期自密实混凝土的抗拉强

度很低,弹性模量迅速增长,混凝土如受到约束应力作用,则易出现早期开裂。

④钢筋约束。现在工程多为钢筋和混凝土共同应用。钢筋的存在使得自密实混凝土内部处于不同程度的约束状态,导致自密实混凝土收缩而产生开裂。

⑤纤维的种类和掺量。纤维能有效降低自密实混凝土的化学收缩,特别是早期化学收缩的增长。如掺入 1%(质量分数)的钢纤维,可降低自密实混凝土 1 d 化学收缩近 50%。

(2)干燥收缩。干燥塑性收缩是自密实混凝土拌合物在浇筑完成后由于表面失水而引起的收缩。自密实混凝土的干燥过程是其所含水分的蒸发过程,自由水的蒸发不引起体积收缩,而毛细孔水蒸发会在孔内形成负压,使孔壁靠紧,引起水泥石的收缩。当毛细孔中的水蒸发完后,如果继续干燥,则凝胶体吸附水也会蒸发,并引起凝胶体的紧缩。如果自密实混凝土所处环境较干燥,自密实混凝土表面蒸发失水就快,易导致自密实混凝土表面形成塑性收缩裂缝。一般自密实混凝土早期的塑性收缩发生在浇筑后的 1~4 h,此后这种收缩逐渐平缓。影响自密实混凝土干燥收缩的因素主要包括以下几个方面:

①粉煤灰等矿物掺合料掺量。与普通混凝土中一样,粉煤灰等矿物掺合料取代水泥后对自密实混凝土的干燥收缩有一定的抑制作用,但掺量较低时效果不明显。自密实混凝土中矿物掺合料量较大,因而对干燥收缩的降低作用更加显著,但不同龄期、配合比及原材料条件下的表现有较大差异。

②减水剂的种类。减水剂是自密实混凝土技术实现的关键之一,可以有效降低自密实混凝土的水胶比,提高密实度,提高矿物掺合料的利用率。对比现行常用减水剂品种,一般条件下,掺加萘系和氨基磺酸盐减水剂的自密实混凝土干燥收缩率远高于掺加聚羧酸的自密实混凝土。这主要是因为聚羧酸减水剂良好的保水性能,降低了在大流动性条件下拌合物的泌水倾向,从而提高了自密实混凝土的抗开裂能力。

③钢筋约束作用。一般来说,钢筋对降低自密实混凝土的干燥收缩效果显著,这与钢筋的直径、配筋的密度等有关。

④环境条件。环境的温度和湿度是影响自密实混凝土干燥变形的又一重要因素。无论自密实混凝土的配比如何,随着环境温度的升高,湿度的降

低,其干燥收缩都显著增加。而自密实混凝土在水中硬化时,体积不变,甚至轻微膨胀。这是由于凝胶体吸水,导致胶体粒子吸附水膜增厚,粒子间的距离增大,养护条件越好,养护龄期越长,对抑制自密实混凝土的干缩就越有效。特别是加强自密实混凝土的早期养护对抑制其干燥收缩有显著作用。

⑤骨料的种类及用量。砂石占自密实混凝土体积的很大部分,对水泥石的收缩具有一定的抑制作用。通常,自密实混凝土与普通混凝土相比,由于粗骨料用量少,粉体材料用量大,干燥收缩一般较大,容易产生裂缝。结构形式、构件尺寸、施工条件、工程性质等不同,干燥收缩程度不同。根据相关资料记载,标准条件下养护 7 d 的自密实混凝土试件在 20 ℃±2 ℃、相对湿度 60%±5% 的条件下 6 个月的干缩为 8×10^{-4} 以下,比同种骨料的普通混凝土收缩增加量低 10%。由于自密实混凝土对粗骨料的最大粒径有严格的要求,所以在满足要求的前提下适当增加大颗粒骨料的用量,选用较高弹性模量的骨料对抑制自密实混凝土的干缩十分有效。

(3)沉降收缩。沉降收缩是指自密实混凝土拌合物由于表面泌水、骨料下沉,导致混凝土产生的体积收缩。自密实混凝土的浇筑深度较大,自密实性不良,离析倾向严重时,顶部的混凝土会产生较大的沉降。当塑性沉降受到阻碍,则会产生塑性沉降裂缝。自密实混凝土流动性大,一旦其自身抗离析性不良,产生这种沉降裂缝的可能性就更大。应采取相应的措施尽量避免沉降裂缝的出现,如选用保水性能好的水泥,级配良好的骨料,掺加性能优异的外加剂,加强混凝土的早期养护等。

(4)温度收缩。自密实混凝土同其他固体物质一样热胀冷缩。自密实混凝土的温度膨胀系数基本和普通混凝土相同,约为$(6 \sim 12) \times 10^{-6} \, \text{m}/(\text{m} \times \text{K})$,即温度每升高或降低 1 K,长为 1 m 的混凝土产生 0.01 mm 左右的膨胀或收缩。自密实混凝土是热的不良导体。在硬化初期,由于胶凝材料总量较大,水化热较大,且在混凝土内部蓄积不易散失,导致混凝土内部温度升高(不加处理时甚至可达 50~70 ℃),产生较大的膨胀。而自密实混凝土表面的温度随外部大气温度变化,与混凝土内部不一致,因此在自密实混凝土的外表产生较大拉应力,严重时会使混凝土产生开裂。随着时间的延长,自密实混凝土内部的水化热逐步散失,温度下降,自密实混凝土内部又会产生冷缩,引起冷缩应力,严重时也会产生开裂。影响自密实混凝土温度收缩的因素包括以下几个方面：

①矿物掺合料的掺量。自密实混凝土胶凝材料总量较大，浇筑后内部温度上升较快，一般在浇筑 3~4 d 后基本稳定，逐渐趋于外界环境温度。矿物掺合料对自密实混凝土内部的温度变化影响较大，其可以显著降低自密实混凝土的水化温升，推迟温度峰的时间，降低温度峰值，减少内部温度梯度，对抑制自密实混凝土的早期开裂意义重大。

②水胶比和水泥用量。一般水胶比越低，水泥用量越大，自密实混凝土内部温度升高越显著，造成温度收缩的倾向越严重。

实际工程中，有效改善自密实混凝土收缩，提高抗裂性意义重大，而控制自密实混凝土非荷载作用下收缩的常用措施如下：

①优选原材料。包括选择合适的水泥，严格控制过量石膏含量，控制单位体积水泥用量；降低骨料含泥量，提高混凝土质量稳定性。

②选择合理的矿物掺合料种类和掺量。优质粉煤灰等矿物掺合料的掺入有抑制自密实混凝土非荷载作用下收缩的作用。增大矿物掺合料对水泥的取代率，对自密实混凝土收缩的抑制效果显著。

③加强钢筋的约束作用。钢筋能提高内部线性约束，这对自密实混凝土非荷载作用下收缩的抑制效果十分显著，而且钢筋约束不会像矿物掺合料那样导致自密实混凝土强度降低等不利影响。在配筋率不变的条件下，适当减少钢筋直径，增加钢筋数量，对抑制自密实混凝土收缩是有利的。

④掺加合适的减水剂。不同类型的减水剂不仅对自密实混凝土和易性的影响不同，而且对非荷载作用下收缩抑制效果不同。一定程度上讲，减水剂能有效降低自密实混凝土的用水量，提高了水泥的水化程度，会导致自密实混凝土收缩的增加。因此，选择合适的减水剂品种对减少收缩，抑制开裂意义重大。

⑤掺加纤维。无论是钢纤维还是合成纤维，都对自密实混凝土的非荷载作用下收缩有显著的降低作用，特别是早期效果更加突出。纤维的掺加可以在自密实混凝土内部产生均匀的内部约束，改善 1 d 龄期内的收缩剧烈程度，使自密实混凝土的非荷载作用下收缩在整个龄期内趋于平缓。

⑥加强养护。加强自密实混凝土早期养护可以使其非荷载作用下收缩推迟。采取优良的养护措施，保证适宜的温度和湿度，可有效改善自密实混

凝土的收缩。因此,在自密实混凝土浇筑完后,应立即覆盖,并及时洒水,缩短浇筑与开始养护的时间间隔。

2. 受力变形

自密实混凝土在承受荷载作用下,也会发生变形,包括以下几个方面:

(1)短期荷载作用下的变形。自密实混凝土在短期荷载作用下,混凝土的变形分为四个阶段,即裂缝演变的四个阶段:裂缝稳定的第 I 阶段(荷载小于极限荷载的 30%)、裂缝稳定扩展的第 II 阶段(荷载为极限荷载的 30%)、裂缝不稳定扩展的第 III 阶段(荷载为极限荷载的 50%~70%)及裂缝连通贯穿的第 IV 阶段(荷载大于极限荷载的 75%)。

自密实混凝土作为一种弹塑性材料,其应力-应变曲线高度非线性,使不同应力水平下的应力与应变之比不确定。自密实混凝土抵抗变形能力的弹性模量,在不同的应力水平时是不相同的,其弹性模量实际上是一个条件弹性模量。根据 GB/T 50081 规定,自密实混凝土的弹性模量(E_c)是以尺寸为 150 mm × 150 mm × 130 mm 的棱柱体标准试件,加荷至准应力为 0.5 MPa 的初始荷载值 F_0,保持恒载 60 s,并在以后的 30 s 内记录每测点的变形读数。然后连续均匀的加荷至轴心抗压强度的 1/3 的荷载值 F_a,保持恒载 60 s 并在以后的 30 s 内记录每测点的读数。混凝土的弹性模量值可按下式计算:

$$E_c = \frac{(F_a - F_0)}{A} \times \frac{L}{N} \tag{5.7}$$

式中　E_c——混凝土弹性模量(MPa),计算精确至 100 MPa;

　　　F_a——应力为 1/3 轴心抗压强度时的荷载,N;

　　　F_0——应力为 0.5 MPa 时的初始荷载,N;

　　　A——试件承压面积,mm^2;

　　　L——测量标距,mm^2;

　　　N——最后一次从 F_0 加荷至 F_a 时试件两侧变形的平均值,mm。

N 采用下式计算:

$$N = e_a - e_0 \tag{5.8}$$

式中　e_a——F_a 时试件两侧变形的平均值,mm;

　　　e_0——F_0 时试件两侧变形的平均值,mm。

自密实混凝土的弹性模量是钢筋混凝土结构变形计算、裂缝分析及大体积混凝土温度应力等计算的基本参数。

与同强度等级的普通混凝土相比,自密实混凝土早期的弹性模量偏小一些。

通常,自密实混凝土在配制时都掺入较大量的矿物掺合料,用于取代水泥,从而提高自密实混凝土的和易性。而较大量矿物掺合料是导致自密实混凝土弹性模量降低的主要原因之一。这是因为自密实混凝土弹性模量的增长与水泥水化作用关系密切,水泥水化速度快,而随着矿物掺合料的掺入,其微集料填充效应可以在一定程度上降低骨料空隙中的水量,提高自密实混凝土的流动性,增大了有效水胶比;但同时,矿物掺合料参与水化反应时间较晚,其能与水泥熟料矿物的水化产物发生二次反应,但反应速度较慢,特别是在早期,只有掺合料表面的活性 SiO_2 和 Al_2O_3 与 $Ca(OH)_2$ 发生反应,生成 $C-S-H$ 与 $C-A-H$,而反应产物形成的水化致密层将掺合料颗粒包裹起来,在一定程度上又阻碍了火山灰效应的继续进行。因此水化早期,水泥的水化作用是影响自密实混凝土弹性模量的主要因素,而随着矿物掺合料掺量的增加,自密实混凝土早期强度降低,弹性模量降低。随着其水化的进程,自密实混凝土的密实度逐渐增加,水化后期弹性模量逐渐提高。

矿物掺合料对自密实混凝土弹性模量的影响,主要看种类和掺量。

粉煤灰的掺量对自密实混凝土弹性模量影响很大。在水化早期,特别是 $1\sim3$ d,粉煤灰的火山灰效应作用较弱,其掺量越大,自密实混凝土在该龄期内的弹性模量越小。$3\sim28$ d,由于水泥水化产生的 $Ca(OH)_2$ 量增加,其逐渐穿透粉煤灰表层的水化层与内部活性 SiO_2 和 Al_2O_3 反应,使得界面更加致密,而且对 $Ca(OH)_2$ 的消耗,又加速了水泥水化反应,从而对提高自密实混凝土的弹性模量有利。90 d 以后,水泥水化作用基本结束,而粉煤灰的火山灰效应逐渐增强,成为提高自密实混凝土弹性模量的主要因素。一般随着粉煤灰掺量的增加,自密实混凝土在 90 d 龄期前的强度和弹性模量都有一定程度的降低,且粉煤灰掺量越大,降低的幅度也越大。当粉煤灰掺量不超过 30%(质量分数)时,自密实混凝土后期的弹性模量能达到或超过同强度等级的普通混凝土。养护条件越好,其弹性模量增长越快。

矿渣粉活性优于粉煤灰,其对自密实混凝土早期弹性模量的降低作用也比粉煤灰低。

　　硅灰大多为球形的非晶体 SiO_2 微小颗粒,其粒径远小于水泥颗粒,能够进一步优化粉体颗粒级配。但同时,硅灰由于比表面积过大,导致拌合物需水量剧增。硅灰具有比粉煤灰等更强的活性,虽然在 1~3 d,硅灰的掺加还会导致自密实混凝土弹性模量的降低,但由于硅灰掺量较小,所以降低幅度不大。而随着龄期的增加,硅灰对自密实混凝土强度和弹性模量的提高作用开始逐渐显著起来。7 d 之后,水泥水化与硅灰的火山灰效应相互促进,随着硅灰掺量的增加,能与水泥水化产物发生二次反应的活性物质也在增加,其中一部分活性 SiO_2 与水泥水化生成的高碱性 C－S－H 进一步反应生成更加稳定的低碱性 C－S－H,另一部分则与 $Ca(OH)_2$ 反应,同样生成低碱性 C－S－H。平行于骨料表面生长的 $Ca(OH)_2$ 晶体极易开裂,是硬化体内部的薄弱环节,硅灰对 $Ca(OH)_2$ 的加速消耗,有利于改善界面的稳定性,提高密实度。一般,硅灰掺量在 10%(质量分数)以下时,能够有效提高自密实混凝土后期的强度和弹性模量。

　　粗骨料也会影响自密实混凝土的弹性模量。一般认为,均质材料的密度与弹性模量具有直接关系,而非均质材料,多相材料主要成分的弹性模量、体积分数和过渡区的稳定性决定其弹性模量。配制自密实混凝土时,粗骨料的最大粒径一般要比普通混凝土小,而砂率要比普通混凝土大一些。通常,为了满足自密实混凝土和易性要求,粗骨料最大粒径不宜超过 25 mm,而级配中小颗粒的比例较高。自密实混凝土中粗骨料的质量分数也比普通混凝土低一些,通常在 40%(质量分数)以上,这对自密实混凝土的强度和弹性模量都是不利的。粗骨料的种类对自密实混凝土的弹性模量有一定的影响,用花岗岩配制的自密实混凝土弹性模量要比用石灰石等的大。同时,粗骨料的表面状态决定了其与水泥砂浆黏结界面的牢固程度,而粗骨料与砂浆间弹性模量的差距也会对自密实混凝土弹性模量产生影响,这些影响在不同龄期时的表现程度不同。

　　自密实混凝土比使用同一品种骨料的普通混凝土弹性模量稍低些,根据标准试验方法,标准养护 28 d 时,降低值小于 15%。虽然骨料占自密实混凝土的体积分数比普通混凝土要低,但是自密实混凝土的弹性模量还是主要取决于所用骨料的体积和弹性模量。

　　此外,纤维的掺入可以有效改善自密实混凝土的弹性模量,常用的如钢纤维、合成纤维及玄武岩纤维均有利于提高自密实混凝土强度和弹性模量。

常用提高自密实混凝土弹性模量的措施如下：

①选用优质矿物掺合料。早期的自密实混凝土弹性模量随着矿物掺合料掺量增加而下降，但由于矿物掺合料的"火山灰效应""填充效应"等使得混凝土后期的弹性模量提高。

②掺加纤维。常用纤维有钢纤维、聚丙烯纤维等。自密实混凝土流动性较大，水泥用量较大，开裂倾向性也较大。纤维抗拉强度高，能均匀地分散在混凝土中，提高混凝土密实度，阻止了宏观裂缝的产生。

③选择优质碎石。粒型较好的碎石具有较好的机械啮合性，能提高界面强度，从而提高自密实混凝土的抗拉强度，使得拌合物黏聚性提高，抗变形能力提高。

自密实混凝土的弹性模量与强度之间也存在一定的相关性，在原材料相同的条件下，自密实混凝土的强度越高，弹性模量越高，当混凝土的强度等级由 C15 增高到 C80 时，其弹性模量大致由 2.20×10^4 MPa 增至 3.80×10^4 MPa。可以通过适当提高配制强度、增加粉煤灰掺量、掺加适量合成短纤维等措施，提高弹性模量。

(2)徐变。一般徐变分为因长期荷载作用下，沿着作用力方向随时间的延长而增加的基本徐变变形和由于混凝土在干燥状态下，除干燥收缩和因荷载引起的变形之外产生的附加徐变变形——干燥徐变。自密实混凝土在加荷后即发生瞬时变形(以弹性形变为主)，随着受荷时间的延长，变形缓慢地增长，即产生徐变。在荷载作用初期，徐变变形增长较快，以后逐渐变慢，一般要延续 2～3 年才逐渐稳定。卸除荷载后，部分变形将立即恢复，称为弹性恢复。在卸荷后的一段时间内，变形还会继续恢复，称为徐变恢复。最后残留下的不可恢复的变形称为残余变形(不可逆徐变)。

徐变一般认为是由于水泥石中的凝胶体在荷载作用下向毛细孔中黏性流动及吸附在凝胶体上的吸附水因荷载应力向毛细孔迁移渗透的结果。自密实混凝土由于胶凝材料总量较大，所以其初始徐变程度比普通混凝土要大一些。后期随着持荷时间的增加，自密实混凝土中大量的活性掺合料发生二次水化反应，微集料效应越来越明显，内部孔隙率进一步降低，其徐变的发展较普通混凝土更为缓慢。

影响自密实混凝土徐变的因素很多,如自密实混凝土的水胶比、环境条件、组成材料的品种和用量、强度等级等。随着养护时间的增加,自密实混凝土内部结构日趋成熟,其徐变度将显著减小。随着水胶比的降低,自密实混凝土硬化后内部孔隙率降低,徐变也显著减小,而且越到水化后期,水胶比对自密实混凝土的徐变作用越显著。

活性矿物掺合料的细度对自密实混凝土徐变无显著影响。水泥强度等级虽对其收缩无影响,但不可忽视其对自密实混凝土基本徐变和干燥徐变的影响作用。

徐变对自密实混凝土及钢筋混凝土结构的内部应力和应变状态有很大影响,在混凝土结构设计时,必须充分考虑到徐变的有利和不利影响。对钢筋混凝土构件来说,徐变能消除钢筋混凝土内的应力集中,使应力重新较均匀地分布,可以降低混凝土的各种收缩拉应力,减少混凝土的收缩裂缝;对于大体积混凝土则可以消除或减少自密实混凝土由于温度变形所产生的内应力,起到减少或延缓裂缝产生的作用。但在预应力混凝土结构中,徐变将产生应力松弛,引起预应力损失,造成不利影响。

5.2.2 强度

自密实混凝土的强度是重要的力学性质,它是结构设计、施工质量控制和工程验收的重要依据。自密实混凝土强度包括抗压、抗拉、抗折、抗剪强度等,其中抗压强度最大,是混凝土结构设计的主要强度参数。

(1)自密实混凝土试件制作。

自密实混凝土试件成型应采用符合国家现行有关标准规定的试模、盛料容器、铲子、抹刀、橡胶手套等。

自密实混凝土试件成型前,应检查试模尺寸,并对试模表面涂一薄层矿物油或其他不与混凝土发生反应的隔离剂。在实验室拌制自密实混凝土时,其材料用量应以质量计,且计量允许偏差应符合表5.4的规定。

表 5.4 原材料偏差

原材料品种	水泥	骨料	水	外加剂	掺合料
计量允许偏差	±0.5%	±1%	±0.5%	±0.5%	±0.5%

取样应按现行国家标准 GB/T 500080 中的规定执行。取样或实验室拌制的自密实混凝土在拌制后,应尽快成型,不宜超过 15 min。取样或拌制好的混凝土拌合物应至少拌 3 次,再装入盛料器。应分两次将混凝土拌合物装入试模,每层的装料厚度宜相等,中间间隔 10 s,混凝土拌合物应高出试模口,不应使用振动台或插捣方法成型。试模上口多余的混凝土应刮除,并用抹刀抹平。

(2)抗压强度。

自密实混凝土的抗压强度是指标准试件加压至破坏时单位面积所承受的最大压应力。根据 GB/T 500081,混凝土的抗压强度是以边长为 150 mm 的标准立方体试件,在温度(20±2)℃、相对湿度 95% 以上的标准条件下,养护到 28 d 龄期时,在一定的条件下加压至破坏,测得的立方体抗压强度。

当混凝土强度等级小于 C60 时,测定抗压强度的试件也可根据工程中所用粗骨料的最大粒径选用非标准尺寸(边长为 100 mm 或 200 mm)的立方体试件,但在计算抗压强度时,应乘以相应的尺寸换算系数,折算为相当于标准试件的强度。边长为 100 mm 的试件,换算系数为 0.95,边长为 200 mm 的试件,换算系数为 1.05。当混凝土强度等级大于 C60 时,宜采用标准试件,若使用非标准试件时,尺寸换算系数应通过试验确定。在实际施工条件下,混凝土的养护也不可能与标准养护条件完全一致,为了得到混凝土的实际强度,以判断下一步工序能否进行,常将混凝土试件放在与工程相同的条件下进行养护,再按所需龄期测出抗压强度,作为施工现场混凝土质量控制的依据。

根据 GB 50204,结构实体检验中对混凝土强度的测定要求为:以在混凝土浇筑地点制备并与结构实体同条件养护的试件强度为依据,且同条件养护的试件应在达到等效养护龄期时进行强度试验。等效养护龄期根据当地的气温和养护条件来确定,一般按日平均温度逐日累计达到 600 ℃ 时对应的龄期(0 ℃ 以下龄期不计入),等效养护龄期不宜小于 14 d,也不宜不大 60 d。

混凝土的强度等级是进行结构设计、施工质量控制及工程验收的重要根据,而混凝土的抗压强度受到许多因素的影响,具有一定的随机性。

①胶凝材料对自密实混凝土抗压强度的影响。大量的研究表明,在水胶比、矿物掺合料种类及用量不变时,自密实混凝土抗压强度随着胶凝材料总量的增加而稍有增加,但总体幅度不是很大。而由于粉煤灰活性较低,在相

当长的一段龄期内,自密实混凝土的抗压强度随粉煤灰掺量的增加而降低。

②砂率对自密实混凝土抗压强度的影响。由于自密实混凝土浆体量较大,因此,在一定范围内,随着砂率的增加,能够有效包裹粗骨料的砂浆量也越大,拌合物的流动性和均匀稳定性增加,但自密实混凝土的抗压强度降低。

③粗骨料对自密实混凝土抗压强度的影响。常见粗骨料有人工碎石和卵石两种,其中碎石配制的自密实混凝土抗压强度较高。此外,粗骨料的最大粒径和体积分数也对自密实混凝土的抗压强度有较大影响。一般随着粗骨料最大粒径的减小,自密实混凝土的抗压强度提高,且随着龄期的增加,强度增长率有所增加。随着粗骨料的体积分数增加,自密实混凝土的抗压强度略有降低。

④养护条件与龄期对自密实混凝土抗压强度的影响。在一定的养护条件下,自密实混凝土的抗压强度随龄期的增加而提高,增长速度与养护条件密切相关。自密实混凝土在浇筑完毕后,更应该加强养护,保持一定的温度和湿度,从而保证抗压强度的提高。

(3)抗拉强度。

自密实混凝土的抗拉强度随龄期变化较大。一般认为自密实混凝土的抗拉强度与龄期的对数成正比。自密实混凝土的抗拉强度对于确定混凝土抗裂度具有重要意义,它是结构设计中裂缝宽度控制和裂缝间距计算的主要指标,也是抵抗收缩和温度裂缝的主要指标。

国内外普遍采用劈裂法来间接测定混凝土的抗拉强度,即劈拉强度。劈拉试验的标准试件为边长 150 mm 的立方体,试验时在上、下两相对面的中心线上施加均布线荷载,使试件内竖向平面上产生均匀分布的拉应力。混凝土劈裂抗拉强度可以根据弹性理论计算,计算式为

$$F_{at} = 2P/3.14A = 0.637P/A \tag{5.9}$$

式中　F_{at}——混凝土劈拉强度,MPa;

　　　P——破坏荷载,N;

　　　A——试件劈裂面积,mm^2。

自密实混凝土的劈拉强度与抗压强度存在一定的关系,劈拉强度一般为抗压强度的几分之一到十几分之一,其劈压强度比与普通混凝土比较接近。

(4)抗折强度。

对于道路用自密实混凝土,抗折强度是结构设计的主要强度指标,抗压强度仅作为参考指标。自密实混凝土抗折强度与劈拉强度之比和普通混凝土基本一致。

自密实混凝土的抗折强度试验的标准试件尺寸为 150 mm×150 mm×600 mm,试件在标准条件下养护,抗折试验按三分点加荷方式进行,抗折强度按下式计算:

$$F_{cf} = P_{cf}L/bh^2 \qquad (5.10)$$

式中 F_{cf}——混凝土抗折强度,MPa;

P_{cf}——破坏荷载,N;

L——支座间距,mm;

b、h——试件的宽度和高度,mm。

如果采用跨中单点加荷得到的抗折强度,应乘以换算系数 0.85。

根据我国《公路水泥混凝土路面设计规范》(JTGD 40)规定,各交通等级要求的混凝土弯拉强度标准值不得低于表 5.5 中的规定。

表 5.5 抗折强度标准值

交通量分级	特重	重	中等	轻
混凝土设计抗折强度/MPa	5.0	5.0	4.5	4.0

5.3 耐久性

5.3.1 抗渗性

1.抗水渗透性能

抗渗性是指自密实混凝土抵抗压力水渗透的性能。它是决定自密实混凝土耐久性的主要因素之一。因为钢筋锈蚀、冻融循环、硫酸盐侵蚀和碱骨料反应等的发生,渗透水都是前提条件。水或者直接导致膨胀和开裂,或者作为侵蚀介质扩散进入混凝土内部的载体。外界环境中任何有害介质对混凝土的侵蚀,也必须首先渗透到混凝土内部,才能产生破坏作用。所以,自密实混凝土的抗渗性对于其耐久性具有重大的意义。

影响自密实混凝土抗渗性能的因素有很多,其中最主要的是孔隙率和孔隙特征。自密实混凝土由于其优异的自密实性能,所以孔隙率较小。而孔隙率越低,混凝土内部连通孔越少,抗渗性就越好。自密实混凝土中的渗水通道主要是来自浆体中多余的水分蒸发而留下的气孔。自密实混凝土拌合物中浆体含量较大,如果其自身黏聚性、保水性不好产生泌水,会产生毛细管孔道;自密实混凝土内部的微裂缝以及由于其自密实效果不好产生的蜂窝、孔洞,都会导致混凝土渗水。当自密实混凝土受压力水作用时,水从其中的孔隙或组成材料本身中通过,造成渗透。

和普通混凝土一样,自密实混凝土的抗渗性用抗渗等级表示,抗渗等级的测定是采用 6 个圆台体标准试件,在规定的试验条件下,加水压至 6 个试件中有 3 个试件端面渗水时为止(即达 6 个试件中有 4 个试件未出现渗水时的最大水压力),混凝土的抗渗等级按下式计算:

$$P=10H-1 \qquad (5.11)$$

式中　P——混凝土的抗渗等级,MPa;

　　　H——6 个试件中 3 个试件表面渗水时的水压力。

自密实混凝土抗渗等级也分为 P4、P6、P8、P10、P12 级,相应表示抵抗 0.4 MPa、0.6 MPa、0.8 MPa、1.0 MPa、1.2 MPa 的水压力不渗透。抗渗等级大于或等于 P6 级的混凝土称为抗渗混凝土。

2.抗氯离子渗透性能

混凝土中氯离子渗透性的决定性因素主要有两个,一个是混凝土对氯离子渗透扩散的阻碍能力;另一个是混凝土对氯离子的物理或化学结合能力,即固化能力。前者主要取决于混凝土的孔隙率和孔径分布,后者既影响渗透速率,又影响水中自由氯离子的结合速率。

在相同条件下配制、养护的同等级的自密实混凝土和普通混凝土,自密实混凝土的抗氯离子渗透性能随着龄期的增长而有较大幅度的提高,明显优于普通混凝土。这主要是因为自密实混凝土外加剂掺量大,内部有较多均匀分布的、微小的封闭气泡,改善了混凝土内部的孔隙结构。而且由于自密实混凝土活性掺合料掺量较大,甚至掺加多种活性掺合料,微集料效应和复合叠加效应优化了颗粒级配,减小了混凝土中孔隙的直径,提高了混凝土的密实度。此外,活性掺合料的火山灰效应,能够吸收部分氢氧化钙,改善界面区氢氧化钙的取向度,减小氢氧化钙晶体的尺寸。

自密实混凝土的内部结构特点,即孔径小、孔隙率低、水泥石—骨料过渡区较优等,对提高抗氯离子渗透十分有利。粉煤灰等活性掺合料对氯离子的物理吸附作用和二次反应水化产物的物理化学吸附作用,都提高了自密实混凝土对氯离子的固化能力。随着龄期的增长,活性掺合料反应逐渐充分,能够进一步细化硬化混凝土的孔径,增加孔隙的曲折度,从而减小连通孔,提高自密实混凝土对氯离子渗透扩散的阻碍作用。

5.3.2 抗碳化性

自密实混凝土的碳化是混凝土所受到的一种化学腐蚀。空气中 CO_2 气体渗透到混凝土内部,与水泥水化产生的碱性物质发生化学反应,生成碳酸盐和水,从而使自密实混凝土的碱度降低,这一过程称为碳化,又称为中性化。其化学反应方程式为

$$Ca(OH)_2 + CO_2 = CaCO_3 + H_2O$$

自密实混凝土碳化作用一般不会直接引起其性能的劣化,对于素混凝土,碳化还可以提高耐久性。但自密实混凝土一旦发生碳化,会导致混凝土的碱度降低。当碳化层超过混凝土的保护层时,就会使混凝土失去对钢筋的保护作用,进而钢筋在水与空气的条件下产生锈蚀。当钢筋锈蚀后,锈蚀产生的体积比原来膨胀 2～4 倍,从而对周围混凝土产生膨胀应力。锈蚀越严重,膨胀力越大,最终可能形成顺筋裂缝。裂缝的产生使水和 CO_2 得以进入混凝土内,从而又加速了碳化和钢筋的锈蚀。

普通混凝土的碳化速率和水灰比近似于线性关系。掺入活性矿物掺合料后,水胶比不变,碳化速率增加,可以通过降低水胶比,达到与原混凝土相近的碳化速率。自密实混凝土活性矿物掺合料多,硬化体的碱度降低,从而会加速碳化,不利于对钢筋的保护作用。但自密实混凝土因水胶比很低,混凝土密实度高,抵抗碳化的能力提高。仅从材料方面考虑,其对钢筋保护的作用是可以满足要求的。碳化问题,一般对不同的构件,不同考虑。对主要承压构件,如基础、墩柱以及长期处于水下的结构,碳化问题可以不用考虑。

对受弯构件,如梁、板,因其在荷载作用下会产生裂缝,结构设计时就允许受力后,承受拉应力区域产生宽度不大于 0.2 mm(对预应力钢筋混凝土是 0.1 mm)的裂缝,应该考虑碳化问题。这种情况下,自密实混凝土的抗碳化性能和活性矿物掺合料的品种、掺量有很大关系。粉煤灰和矿粉等活性掺合料因其火山灰效应和微集料效应,可降低水泥石中的孔隙最大孔径尺寸,产生更多的闭口孔,改善孔结构。同时,活性掺合料有利于改善浆体和骨料界面的黏结情况,有效阻止了外界二氧化碳向混凝土内部扩散的速度,从而提高了自密实混凝土的抗碳化性能。例如,掺粉煤灰 30%(质量分数)或掺矿渣 70%(质量分数),水胶比为 0.35 时,自密实混凝土的碳化速率约相当于水胶比为 0.5 的普通混凝土。水胶比同为 0.4 时,矿渣掺量达 50%(质量分数)的自密实混凝土碳化速率与普通混凝土基本一致。因此,对用于不同部位的自密实混凝土,可通过调整配合比来保证其抗碳化的性能。

此外,由于自密实混凝土的大流动性和低水灰比,使得混凝土外加剂的引气效果也不同,有利于引入微小的、均匀分布的闭口孔,从而改善自密实混凝土的孔隙结构,降低混凝土的气体渗透性,提高混凝土的抗碳化性能。

5.3.3 抗冻性

混凝土的抗冻性是指在使用环境中,经受多次冻融循环作用,能保持强度和外观完整性的能力。在寒冷地区,特别是在接触水又受冻的环境条件下,混凝土要求具有较高的抗冻性能。自密实混凝土的应用较晚,因此其在寒冷条件下的耐久性问题研究较少。

与普通混凝土一样,自密实混凝土受冻融作用破坏的主要原因是由于内部孔隙水在负温下结冰后产生体积膨胀,造成的静水压力和因冰与水蒸气压的差别,推动未冻水向冻结区的迁移所造成的渗透压力,以及冻融过程中混凝土内外温度差引起的温度应力。当所产生的内应力超过混凝土的抗拉强度时,混凝土就会产生裂缝,多次冻融使裂缝不断扩展直至破坏。

自密实混凝土受冻害可以分成两种情况:一种是剥落脱皮,这是由于冻融引起的混凝土表面材料的损伤;另一种是内部损伤,这是表面无明显宏观损伤,而混凝土内部产生的损害,它导致混凝土性质改变(如动弹性模量降低)。

自密实混凝土为了实现较大的流动性,所以必须掺加高效减水剂。对普通混凝土而言,高效减水剂的掺入会对其抗冻性能产生一定的影响。特别是与引气混凝土相比,掺加高效减水剂会导致混凝土内部孔隙结构变差。但从总体上来说,掺加高效减水剂还是能提高混凝土的抗冻性能的。自密实混凝土中高效减水剂掺量比普通混凝土还要大,因此高效减水剂对内部孔结构的影响更加显著。而且,由于自密实混凝土的流动性好,使得部分小气泡容易变成大气泡,大气泡更容易破裂。因此,Siebel 等人认为相同抗冻性要求下,自密实混凝土比普通混凝土需要更大的含气量。Khayat 等人认为,为保证自密实混凝土中稳定的气泡系统,其塑性粘度和屈服应力不应超过 10 Pa·s 和 2 Pa。自密实混凝土的气孔间隔系数与其抗冻融循环能力关系密切。从自密实混凝土耐久性指数与混凝土硬化体的气泡间隔系数来看,一般间隔系数小于 0.4 mm 的自密实混凝土都有很高的抗冻融循环能力。而且由于自密实混凝土的低水胶比和其他特性,当间隔系数大于 0.75 mm 时,可以达到足够的抗冻融循环性能。由于,自密实混凝土具有较低的渗透性和毛细网络被阻断,外部水分渗入受阻,采用 ASTM C 666 标准 A 程序测试自密实混凝土抗冻融循环能力时,其具有良好抗冻融循环性能的间隔系数大约为传统认知的 2 倍。自密实混凝土的实际抗冻融循环能力很可能比实验测试的还要好。

其他影响自密实混凝土的抗冻融循环性能的因素与普通混凝土相类似,主要包括原材料品种与性能、密实度、内部孔隙的大小与构造、孔隙的充水程度、受冻龄期等。

自密实混凝土的抗冻性与普通混凝土一样,用抗冻等级表示。抗冻等级采用慢冻法,以 28 d 龄期的混凝土标准试件吸水饱和状态下,承受反复冻融循环,以抗压强度下降不超过 25%,而且质量损失不超过 5% 时所能承受的最大冻融循环次数来确定。抗冻等级以字母 F 加最大冻融循环次数数值表示。抗冻等级大于等于 F50 的混凝土为抗冻混凝土。

对高抗冻性自密实混凝土,其抗冻性也可采用快冻法,以相对动弹性模量值不小于 60%,而且质量损失不超过 5% 时所能承受的最大冻融循环次数来表示。

5.3.4 抗侵蚀性

与普通混凝土类似,环境介质对自密实混凝土的侵蚀主要指化学侵蚀,包括软水侵蚀、硫酸盐侵蚀、镁盐侵蚀、碳酸侵蚀等。如果是海水侵蚀通常还伴随着干湿变形、结晶、冲击等物理作用对混凝土的侵蚀。侵蚀介质主要是通过对水泥石的侵蚀使自密实混凝土性能降低,其侵蚀类型主要包括软水的侵蚀(溶出性侵蚀)、盐类腐蚀、酸类腐蚀和强碱的腐蚀等。

实际上对自密实混凝土中水泥石的腐蚀是一个极为复杂的物理化学作用过程,它在遭受腐蚀时,仅发生单一侵蚀的情况很少,往往是几种同时存在,互相影响。产生腐蚀的根本原因包括:水泥石中存在有引起腐蚀的成分氢氧化钙和水化铝酸钙;混凝土本身不密实,有很多毛细通道,侵蚀性介质易于进入其内部;腐蚀与通道的相互作用。

干燥的固体化合物对自密实混凝土基本不起侵蚀作用,腐蚀性化合物必须呈溶液状态,而且浓度达一定值以上。促进化学腐蚀的因素包括温度、流速、干湿交替和出现钢筋锈蚀。

活性掺合料对自密实混凝土的抗侵蚀性能影响显著。自密实混凝土中活性掺合料较普通混凝土掺量更高,对密实度的提高,氢氧化钙含量的降低更为有利。以自密实混凝土抗硫酸盐侵蚀为例:

一般认为,在高浓度的硫酸钠溶液中,自密实混凝土主要是石膏膨胀性侵蚀。此外,硫酸钠溶液在 32 ℃以下析出的晶体为十水硫酸钠,其膨胀率高达 300% 以上,会产生巨大的膨胀力。混凝土渗透性越大,强度越低,剥落破坏越严重。若自密实混凝土掺加粉煤灰,则随粉煤灰掺量的增加,由于其水化速率较低,自密实混凝土早期强度降低,膨胀剥落现象更为严重。而且由于粉煤灰的火山灰效应,自密实混凝土内部的氢氧化钙量少,有利于抗硫酸盐侵蚀,但其内部硫酸钠浓度提高较快,却又使得膨胀剥落加剧。矿粉对自密实混凝土抗硫酸盐性能的影响和粉煤灰类似,在水化早期,矿粉掺量在 50%(质量分数)以下时,对自密实混凝土抗硫酸盐性能表现出一定的不利影响。当硅灰掺量较小时,其对自密实混凝土的抗硫酸盐性能不但没有改善,而且还有不利影响。只有当硅灰掺量高于 5%(质量分数)时,自密实混凝土的抗硫酸盐性能才较好。

5.3.5 碱骨料反应

碱骨料反应(AAR)是指硬化混凝土中所含的碱与骨料中的活性成分发

生反应,其反应生成物在有水的条件下吸水膨胀,导致混凝土开裂的现象。

碱骨料反应的发生必须同时具备以下三个条件:混凝土中含有碱活性的骨料;混凝土中较高的碱含量;充分的水。

自密实混凝土中碱骨料反应与普通混凝土类似。潮湿多水的部位发生碱骨料反应的可能性就比干燥部位的大得多。从外观上看,在少钢筋约束的部位为网状裂缝,在受钢筋约束的部位多沿主筋方向开裂,在很多情况下可以看到从裂缝溢出白色或透明胶体的痕迹。

碱骨料反应具有一定的"潜伏期",一般在混凝土浇筑成型后的若干年(甚至二三十年以上)才逐渐发生,且反应引起混凝土开裂后,还会加剧冻融、钢筋锈蚀、化学腐蚀等因素对混凝土的破坏作用。

5.3.6 耐火性

目前,对高温下自密实混凝土性能的研究不是很多。与普通混凝土类似,自密实混凝土强度等级越高,耐火性越差。而且,自密实混凝土致密性高、脆性较大、渗透性低,因而导致其抗火性劣于普通混凝土,容易产生爆裂。爆裂是指混凝土在高温下,达到一定温度后,毫无预兆的情况下表面混凝土突然发生剥落的现象。在高温条件下,混凝土的性能会发生重大变化,甚至导致结构破坏。混凝土在高温发生的物理变化包括由于热膨胀、内应力及和失水相关的蠕变所引起的较大的体积变化,从而产生较大的内应力,导致微裂缝和断裂。Noumnwe 通过对自密实混凝土圆柱体试件高温残余性能的研究,得出高强度等级的自密实混凝土的残余抗压强度变化与普通高强混凝土相似。Stegmaier 认为随着水胶比的增加,自密实混凝土残余强度逐渐降低,但残余强度比逐渐增加。Kosmas 通过试验证明自密实混凝土经 700 ℃高温后的残余抗压强度及残余劈拉强度均高于同等级普通混凝土。

在常温下,掺加合成纤维对自密实混凝土强度有一定的影响,随着纤维掺量的增加,抗压强度降低幅度略有提高。

在 200 ℃以下,由于混凝土内的自由水逐渐蒸发,在内部形成毛细裂缝。裂缝中的水和水蒸气随温度升高而压力提高,对周围固体介质产生压力。此外,在升温过程中,自密实混凝土中水泥砂浆良好的抗渗性阻碍了水蒸气的迁移,在混凝土内部形成较高的蒸气压,促进了微裂缝的发展,从而降低了自密实混凝土的强度。

不论掺加纤维与否,自密实混凝土在 400 ℃ 以内,抗压强度变化复杂,但总体波动不大,接近于常温强度。这主要是因为混凝土内部的粗骨料与水泥浆体的热膨胀系数差别较大,温度变形造成骨料界面上产生裂缝,而游离水的逸出却使得颗粒更加紧密,缓和应力集中。

温度超过 400 ℃ 后,自密实混凝土强度明显下降。大于 600 ℃ 时,水泥水化颗粒分解,混凝土强度急剧下降。

高温下,自密实混凝土弹性模量随温度的增高呈降低趋势。200 ℃ 以下变化不大,200~400 ℃ 时稍有下降,400 ℃ 以上,则出现明显的下降。混凝土的弹性模量主要取决于曾达到的最高温度,与升降温循环次数的关系很小。这是因为随温度升高,混凝土内部出现裂缝,孔隙失水,从而变形增大,弹性模量降低。与抗压强度降低相比,弹性模量降低幅度更大。

在自密实混凝土中掺入聚丙烯纤维可以改善抗爆裂性能。这是因为在高温下,聚丙烯纤维熔化,形成了一个个通道,避免了蒸气压的积累,从而防止爆裂的产生,但高温后不能保证混凝土残余强度。而钢纤维的强度较高,使得混凝土残余强度得到保证。因此可采用聚丙烯纤维和钢纤维混掺的方法改善自密实混凝土的耐火性。但由于聚丙烯纤维熔化留下了孔洞,从而减小了密实度,大大降低了自密实混凝土火灾后的耐久性。

总之,自密实混凝土耐久性是指结构在规定的使用年限内,在使用环境中,不需要额外加固处理而保持其安全性、正常使用功能和可接受外观的能力。现行国家标准 GB 50010 中,明确规定混凝土结构设计采用极限状态设计方法。但现行设计规范只划分成两个极限状态,即承载能力极限状态和正常使用极限状态,而将耐久性能的要求列入正常使用极限状态之中,且以构造要求为主。自密实混凝土的耐久性与工程的使用寿命相联系,是使用期内结构保持正常功能的能力,这一正常功能不仅包括结构的安全性,而且更多地体现在适用性上。

虽然在不同环境条件下自密实混凝土的破坏过程各不相同,但提高自密实混凝土的耐久性各个方面却又有很多共性。提高自密实混凝土耐久性的措施可以总结为:

(1)合理选择水泥、砂、石等原料,这是保证自密实混凝土耐久性的重要前提。

（2）控制自密实混凝土的水胶比及单位水用量，这是决定自密实混凝土拌合物自密实性，提高硬化体密实度，从而提高耐久性的主要手段。

（3）掺加适宜的外加剂和活性矿物掺合料。

（4）加强自密实混凝土生产过程中的质量控制，特别注意加强养护，保证混凝土的密实。

第6章 自密实混凝土的应用

自密实混凝土是有利于保证工程质量、加快施工进度、提高建设效益、解决复杂结构施工困难问题的一项新型混凝土技术。自密实混凝土在隧道工程、水工大坝、铁路设施、地下结构等领域都有非常广泛的应用。欧美等一些国家都大力发展推广使用自密实混凝土技术。现今日本、美国、英国、德国、加拿大等国家自密实混凝土用量已达总量的30%～40%,日本正在致力于将自密实混凝土从高性能混凝土发展成普通混凝土。

自密实混凝土在许多重大工程和标志性工程都取得良好的技术经济效果。其中较典型的工程应用是跨度为1 990 m的明石海峡大桥,由于采用自密实混凝土施工,工期由2.5年缩短为2年,缩短工期20%。美国西雅图双联广场钢管混凝土柱(28 d抗压强度为115 MPa)是迄今为止自密实混凝土应用中强度最高的,由于采用了超高强度自密实混凝土,从底层逐层泵送,无振捣,降低了结构成本的30%。荷兰也是目前应用该技术较为普及的国家之一,大约有75%的预制混凝土结构采用自密实混凝土。

自密实混凝土的应用不仅保证了特殊结构施工的需求,也使混凝土制品的性能与外观质量得到了改善和提高。现今,自密实混凝土所占比重已经成为衡量一个国家混凝土行业技术水平高低的重要标志。

一般来说,自密实混凝土适用的工程包括:

(1)浇筑量大、浇筑深度或高度大的工程结构。

(2)形体复杂、配筋密集、薄壁、钢管混凝土等受施工操作空间限制的工程结构。

(3)水泥聚苯模壳格构式混凝土墙体。

(4)工程进度紧、严格噪声限制或普通混凝土无法实现的工程结构。

从工程应用优势上看,以公路隧道混凝土衬砌结构为例,它既是承载围岩压力的结构,又是防水的最后一道防线,设计上必须既满足强度和抗渗要求,采用普通混凝土施工时必须进行充分振捣以保证结构的整体性,但是,由于壁薄、配筋密实、形状复杂及施工空间的限制,漏振和过振非常容易发生,从而导致表面蜂窝麻面、露筋、折皱及外观颜色欠佳等质量病害,造成耐久性和安全性隐患。如果采用自密实混凝土,不仅可提高混凝土密实性,解决质量通病,还能节约振捣设备和能源、节省浇筑时间,降低工作噪声、改善工作环境,保障施工的进度和效率,是有效解决上述施工难题、提高建筑结构的整体质量水平的先进技术。

从适应城市建筑和节土、节能、维持自然生态环境的可持续发展方面看,近年来从国外引进一种集承重、保温、隔热、阻燃和环保于一体的新型墙体——水泥聚苯模壳格构式混凝土墙体。水泥聚苯模壳格构式混凝土墙体是以水泥、粉煤灰、聚苯颗粒、水和其他掺合料为主要原料,经过专业化机械设备拌和制造成带有横向、纵向交错孔槽的板材,在其孔槽内可以布置拉结筋,经灌注免振捣自密实混凝土后形成格构式混凝土墙体。这种墙体具有良好的应用前景。

我国对自密实混凝土的研究与应用尚属于起步阶段,目前年用量大约不到1%。近年来,自密实混凝土已开始应用于各类工业民用建筑、道路、桥梁、隧道及水下工程、预制构件中,特别是在一些截面尺寸小的薄壁结构、密集配筋结构等工程施工中显示出明显的优越性,在一些复杂结构中、建筑加固以及大体积复杂结构中都有应用。尤其是最近一些国家标志性建筑例如国家体育场、新北京南站、北京首都机场新航站楼的筒体墙、西单北大街东侧商业区改造的工程、大亚湾核电站的核废料容器建设工程、厦门集美历史风貌建筑的保护工程、长江三峡等多个水电站的导流洞、左岸左厂坝的引水工程、润扬的长江大桥的建设工程、福建万松关的隧道工程都成功地使用了自密实混凝土。2002年,C100自密实高性能混凝土在北京率先成功应用于国家大剧院工程,2004年4月沈阳远吉大厦钢管混凝土柱采用自密实混凝土浇灌,28 d强度等级达到C100,均取得了较好的技术、经济和社会效益。

6.1 建筑工程

6.1.1 在地下工程中的应用

1.原材料

水泥:河南上街 52.5 级普通硅酸盐水泥,28 d 抗压强度 55.0 MPa;42.5 级矿渣硅酸盐水泥,28 d 抗压强度 45.0 MPa。

粉煤灰:首阳山Ⅰ级粉煤灰、郑州电厂Ⅱ级粉煤灰。

膨胀剂:北京贝思达 CEA 膨胀剂。

硅灰:山西忻州产硅灰,SiO_2 含量占 92%(质量分数)。

砂:卢山中砂,细度模数为 2.7,含泥量 1.2%(质量分数)。

石:新密粒径 5~25 mm 连续级配碎石,含泥量 0.3%(质量分数),压碎指标 8%。

外加剂:中建八局一公司 YNB 高性能超塑化剂,减水率 28%,泌水率 80%,抗压强度比 140%。

2.混凝土配合比设计

高性能自密实混凝土是在较低水灰比条件下,利用外加剂和掺合料的调节作用,降低混凝土的屈服应力,同时混凝土拌合物又具有足够的塑性粘度,使骨料悬浮在水泥浆中,不泌水,不离析,填充钢筋和模板空间,形成均匀致密结构,硬化后具有良好力学性能及耐久性能。采用的技术路线是利用高性能减水剂和粉煤灰等掺合料,降低混凝土的屈服应力和水胶比,提高混凝土流动性,保持适度的粘度系数,经合理的配合比设计,使混凝土高性能化,并用合理便捷的方法,对高性能自密实混凝土工作性定量评价。在配合比设计中,遵守流动性和抗离析性平衡的原则,遵循水泥用量、粉煤灰掺量、砂率、外加剂掺量四因素,以混凝土坍落度、扩展度、Orimet 法流下时间、28 d 标准养护强度为考核指标,建立正交试验表,其设计程序如下:

(1)确定混凝土强度等级进而确定试配强度。

(2)计算水灰比。

(3)拌合水用量计算。

(4)在胶体总体积含量为 0.35 情况下,计算水泥浆各组分的体积含量,确定各组分用量。

(5)根据骨料体积 0.65,确定各强度等级粗细骨料比例(砂率),确定粗细骨料用量。

(6)确定外加剂的掺量。

3. 高性能自密实混凝土工作性指标及评价

高性能自密实混凝土拌合物应具有高流动性和良好的变形能力,且有较好的均匀性和稳定性,能填充钢筋和模板的空间,形成均匀致密结构。高性能自密实混凝土的流动性、黏聚性、均匀稳定性、填充性和间隙通过性体现了工作性的全部。本文中,提出高性能自密实混凝土工作性指标为坍落度 240~260 mm,扩展度大于 600 mm,Orimet 法流下时间 7~17 s,扩展度中边差小于 10%,穿过 L 形仪前后骨料差小于 10%。并用坍落度、扩展度、Orimet 法、L 形仪、扩展度中边差进行工作性定量评价。各强度等级混凝土配合比见表 6.1。

表 6.1 各强度等级混凝土配合比　　　　　　kg/m³

混凝土强度等级	水泥	粉煤灰	膨胀剂	硅灰	水	砂	石	外加剂	水胶比	砂率	坍落度 /mm	扩展度 /mm	T500 /s	28 d 抗压强度比/%
C30	320	85	45		190	730	1 000	11	0.42	0.42	255	700	15	97
C40	386	76	58		180	678	1 017	12	0.35	0.4	260	650	9	130
C50	428	62	60		175	688	1 032	16	0.32	0.4	250	650	12	101
C60	430	71	58	60	170	638	1 041	17	0.29	0.38	240	650	13	99

表中 C50、C60 混凝土所用材料为 52.5 级普通硅酸盐水泥,粉煤灰Ⅰ级;C30、C40 混凝土所用材料为 42.5 级矿渣硅酸盐水泥,粉煤灰Ⅱ级。

4. 高性能自密实混凝土的坍落度、扩展度及其损失

坍落度、扩展度作为高性能自密实混凝土工作性的便捷定量评价方法,在应用中同样存在坍落度、扩展度损失问题。在试验中发现,坍落度损失和扩展度损失并不同步,扩展度损失一般先表现出来,这可能是由于扩展度的增加必须通过自身的流淌和重力的推动作用,使其拌合物一起向前移动才能有效地表现出来。扩展度损失与坍落度损失原因相同,有物理、化学因素,试验中通过改善外加剂的组成和掺入大量粉煤灰等有效措施,较好地控制了坍落度损失,1 h 的损失小于 10 mm,扩展度 1 h 的损失后仍大于 600 mm。

5. 高性能自密实混凝土的力学性能和耐久性能

在同材料、同配合比条件下做振捣成型和自密实混凝土试件 28 d 标养强度试验及自密实混凝土的抗冻、抗渗试验。经检测其抗压强度基本一致,在 5% 范围内波动,见表 6.2。底板 C40P12 混凝土的抗冻等级达 F100,抗渗等级达 P12。

表 6.2 振捣成型与自密实混凝土抗压强度 MPa

砼强度等级	标准养护 28 d 振捣成型				标准养护 28 d 自密实			
C30	40.8	42.4	41.5	39.2	39.0	41.2	42.0	40.0
C40	51.3	50.5	53.0	49.5	50.4	49.8	51.5	58.2
C50	63.8	64.4	63.4	66.6	65.7	62.8	63.0	65.4
C60	72.8	74.2	76.7	79.4	72.2	74.7	74.2	81.7

6. 高性能自密实混凝土的施工

本工程地下室为超长结构,其底板为 1.85 m 厚 C40 大体积混凝土,地下室外墙为 C60。施工中要考虑混凝土的工作性、力学性能,而且要较好地控制混凝土裂缝。C40 底板混凝土一次浇筑完成,C60 外墙设计后浇带,分段浇筑,较好地解决了裂缝问题。混凝土拌和的投料顺序为砂、石、水泥、膨胀剂、粉煤灰、外加剂,搅拌 3 min 后出料。底板混凝土采用蓄热养护法,覆盖一层塑料布、二层麻袋,保持麻袋湿润,7 d 后改为浇水养护;外墙及柱拆模后,外包麻袋浇水养护。对底板 5 020 m³ 自密实混凝土历时 2 d 一次浇筑成功,混凝土坍落度 250 mm,扩展度 600 mm,混凝土强度平均值 44.3 MPa;C60 混凝土地下部分 1 700 m³,试件抗压强度平均值 65.7 MPa,施工完成后,对底板自密实混凝土进行抽芯和抗冻、抗渗检测,芯样强度 47 MPa,成型试件抗冻等级 F100,强度损失率 8%、重量损失率 3%,抗渗等级 P12。

6.1.2 在高抛钢管混凝土工程中的应用

1. 原材料

水泥:小野田 52.5 硅酸盐水泥。

外加剂:中国建筑科学研究院生产 CABR－SF 高性能混凝土外加剂,减水率达到 35%,且具有增强、保塑、增稠、减缩和降低混凝土拌合物剪应力等综合效应。

掺合料:深圳妈湾电厂Ⅰ级粉煤灰。

砂:深圳东莞中砂,表观密度 2 620 kg/m³,含泥量 1.1%(质量分数),泥块含量 0.4%(质量分数),细度模数 2.7(质量分数)。

石:深圳深云碎石,表观密度 2 640 kg/m³,含泥量 0.8%(质量分数),泥块含量 0.4%(质量分数),压碎指标 6.9%,最大粒径 25 mm。

2. 混凝土配合比

混凝土配合比见表 6.3。

表 6.3　混凝土配合比

	水泥	粉煤灰	水	外加剂	砂	石
质量/kg	420	180	172	20.22	759	856
质量比	0.7	0.3	0.31	0.034	1.265	1.427

3. 配合比的验证试验

验证试验目的是要验证各配合比的混凝土各种性能的可重复性。验证其充填性和流动性在每盘中的可重复性以及其配制强度是否符合规定的要求。验证试验结果如下:

(1)坍落度平均值为 27.7 cm;坍落度之间相差的最大值为 1.9 cm。

(2)坍落扩展度均值的平均值为 79.2 cm;坍落扩展度平均值之间相差的最大值为 6.25 cm;坍落扩展度均值即每个坍落扩展度两垂直方向相差的最大值为 10 cm;从坍落扩展度试验中可以观察到混凝土的抗离析性能很好。

(3)U 型仪高差平均值为 0.8 mm;U 型仪高差之间相差的最大值为 2 mm。

(4)L 型仪流动度平均值为 933 mm;L 型仪流动度之间相差的最大值为

105 mm。

(5)混凝土拌合物的抗离析性能试验结果见表 6.4，$\Delta G = 4.9\% \sim 5.5\%$。

表 6.4 抗离析性能试验

H_1	G_1	G_1/H_1	H_2	G_2	G_2/H_2	G_1+G_2	H_1+H_2	ΔG
19.66	7.17	0.364	17.05	5.90	0.346	13.07	36.17	0.049
16.79	6.77	0.403	14.32	6.10	0.426	12.87	31.11	0.055

注：$\Delta G = |(G_1/H_1 - G_2/H_2)|/[(G_1+G_2)/(H_1+H_2)]$，式中，$\Delta G$ 为抗离析性；H_1 为一腔的混凝土质量；H_2 为另一腔的混凝土质量；G_1 为一腔的粗骨料质量；G_2 为另一腔的粗骨料质量

(6)90 min 后的保塑性试验，其结果见表 6.5，证明保塑性符合要求。

表 6.5 保塑性能试验

S_{1p}/cm	L_{sp}/cm	L_f/mm	H/mm	$\Delta G/\%$	时间/min
27.5	84×74.5	2	875	5.51	0
27.0	76×74	3	820	1.55	90

(7)用优化后的配合比配制的混凝土拌合物的充填性、流动性和抗离析性能是非常稳定的。

(8)用免振捣方法成型了 3 d、7 d、28 d 检测强度的试件，且每盘用插捣方法成型一组与免振捣方法成型的混凝土试件强度做对比。免振捣成型的混凝土 28 d 强度最大值为 75.5 MPa，最小值为 63.8 MPa，平均值为 69.8 MPa，强度标准差为 2.36 MPa；插捣成型的混凝土 28 d 强度最大值为 73.2 MPa，最小值为 62.5 MPa，平均值为 69.6 MPa，强度标准差为 3.67 MPa。由此可以得出，28 d 免振捣成型的强度完全满足 C60 强度等级的要求。而且其离散很小，说明这种混凝土的力学性能比较稳定。免振捣成型的强度略高于插捣成型的强度，其标准差也小于插捣成型的标准差。这说明用免振捣成型对免振捣自密实混凝土的强度没有任何影响，从某种意义上说，只有用免振捣成型的方法才更适用于这种性能的混凝土。

4. 模拟试验

模拟试验是完全模拟赛格广场钢管混凝土的真实施工状况，对具有上述性能的高抛免振捣自密实混凝土的保塑性能、施工性能、成型后的自密实性

能及力学性能进行进一步的试验验证。

模拟试验由中建二局深圳南方公司赛格项目组负责实施。模拟试验采用 18 mm 厚胶合板加工成 1 600 mm×1 800 mm 和 800 mm×1 800 mm 半圆形模板,内包铁皮,做成 1 600 mm×1 800 mm 和 800 mm×1 800 mm 两个圆柱,上套钢管。混凝土从 11.1 m 高度,泵送或料斗高抛,免振一次成型。还用胶合板做成 900 mm×900 mm×1 800 mm 方形柱,采用低位直接泵送入模,免振一次成型。混凝土浇筑后 24 h 拆模,检查其外观,然后用麻袋包裹,浇水养护 7 d。到 28 d 龄期后用抽芯取样的方法,检查从柱顶到柱底混凝土的密实度、均匀性和强度。

用表 6.3 的配合比进行了二次模拟试验。模拟试验结果如下:

(1)经混凝土搅拌车的运送,达到施工现场约需 1 h,混凝土拌合物的各种流变性能都优于在搅拌站时的性能;再经 2 h 的施工,仍然保持这种优异的流动性、充填性和抗离析性能。

(2)从浇筑外观的质量看,不论是用泵送或料斗高抛免振捣成型还是低位免振捣成型,混凝土成型质量良好,无蜂窝麻面,表面密实。

(3)各柱的粗骨料沿高度方向分布均匀,无任何分层离析现象。

(4)深圳质检站检测报告:同条件养护试块 28 d 强度为 83.4 MPa;混凝土芯样共计 49 个,其强度最小值为 74.25 MPa;最大值为 89.9 MPa;平均值为 82.6 MPa;标准差为 3.47 MPa。

5.混凝土其他物理力学性能

这种混凝土的其他力学性能委托国家工程质量监督检验中心检测,各种性能指标见表 6.6。

表 6.6　混凝土物理力学性能

轴压强度 /MPa	弹性模量 /MPa	劈拉强度 /MPa	抗折强度 /MPa	150 d 收缩 (mm/m)
72.5	$3.99×10^4$	4.61	5.5	0.414

6.1.3　在型钢混凝土组合工程中的应用

1.原材料

水泥:高细度 P.O42.5R 型水泥。

矿粉:使用以首钢水淬矿渣为主要原料生产的各项性能指标达到或超过 S95 的磨细矿渣粉。

硅粉:含硅量大于 90%(质量分数)。

砂:使用Ⅱ区中砂,细度模数为 2.8。

石:石子粒径采用 15 mm 以下级配。

外加剂:UNF—5AS—C60 专用缓凝高效减水剂,减水率大于 25%。

工程竖向结构设计 14 层以下的混凝土强度等级均为 C60,竖向结构大量采用型钢混凝土组合技术,多数框架柱内均有型钢,框架柱截面 1 200 mm× 1 200 mm;柱内型钢构件尺寸 700 mm×700 mm,十字形格构,型钢板材 Q345B,钢板厚度 40 mm,理论计算钢筋最大净距约 100 mm,导致混凝土浇筑时无法有效振捣。

2. 配合比设计

混凝土的设计强度按 C70 配制,经计算和试配,确定主要配比为:

水:水泥:砂子:石子:矿粉:硅粉:外加剂＝0.461:1:1.838: 2.645:0.539:0.073:0.043。设计入地泵坍落度(210±20)mm。

3. 混凝土生产与运输

混凝土每盘计量允许偏差±2%;准确控制拌和用水量,仔细测定砂石中的含水率,每工作班测 2 次;投料顺序为依次投入细骨料、水泥及掺合料,搅拌 20 s,后加入水、外加剂及粗骨料,搅拌 70 s 后出料。

罐车装入混凝土前应仔细检查并排除车内残留的刷车水;自密实混凝土运送及卸料时间控制在 2 h 以内,保证自密实混凝土的高流动性。

4. 浇筑与养护

泵管使用前用水冲净,并用同配比去掉石子的砂浆冲润泵管,以利于垂直运输;卸料前罐车高速旋罐 90 s 左右,再卸入地泵。保持连续泵送,必要时降低泵送速度;自密实混凝土浇筑时,泵管浇筑高度 2 m,尽量减少泵送过程对混凝土高流动性的影响,使其和易性不变;浇筑时在浇筑范围内尽可能减少浇筑分层(分层厚度取 1 m),使混凝土的重力作用得以充分发挥,并尽量不破坏混凝土的整体黏聚性;使用钢筋插棍进行插捣,并用锤子敲击模板,起到辅助流动和辅助密实的作用;自密实混凝土浇筑至设计高度后,停止浇筑。 20 min 后,再检查混凝土标高,若标高略低,再进行浇筑,以保证达到设计要求。

自密实混凝土浇筑完毕后，即进行覆盖，以防止水分散失，终凝后立即洒水养护，不间断保持湿润状态，养护时间 14 d。

5. 混凝土性能

工程中 C60 自密实混凝土拆模后（由于自密实混凝土胶凝材料相对较多，水化充分，因此早期强度较普通混凝土高，实际施工中 C60 自密实混凝土 16 h 后拆模），观感光滑有光泽，无裂缝，基本无气泡，可以验证施工过程中的技术措施和保证手段有效。从试验结果来看，试块强度平均值 73.2 MPa，标准差 4.8 MPa，从统计结果来看，满足施工所需的力学性能指标要求。

6.1.4 低强度等级在无筋工程中的应用

1. 原材料

水泥：使用 P.O42.5 普通硅酸盐水泥。水泥检测结果见表 6.7。

表 6.7 水泥检测结果

| 检测项目 | 稠度 /% | 细度 /% | 凝结时间 | | 抗折强度/MPa | | 抗压强度/MPa | | 安定性 |
			初凝 /min	终凝 /(h:min)	3 d	28 d	3 d	28 d	
规范测值	29	10	> 45	< 10	3.5	6.5	17	42.5	合格
实际测值	26	1.2	190	4:25	5.5	7.8	31.4	50.3	合格

缓凝高效减水剂：施工现场使用某品牌缓凝高效减水剂，推荐掺量 0.8%，可有效降低水泥标准稠度用水量，水泥的初凝时间 285 min，终凝时间延长至 5 h 46 min。该外加剂与水泥安定性相适应。

砂：使用天然河砂。该河砂含泥量小，细度模数为 2.2~3.0，属中砂。0.315 mm 级颗粒的含量超过规范规定值 15%，有较强饱水性和抗离析性。砂检测结果见表 6.8。

表 6.8　砂检测结果

检测项目	细度模数	表观密度 /(g·m⁻³)	松散密度 /(g·m⁻³)	空隙率%	含泥量 (质量分数)/%	0.315 mm 级颗粒 含量/%
规范要求	2.2~3.0	2.5	1.35	47	3	15
实际测值	2.46	2.65	1.46	44.9	1.8	32.8

小石:天然砂石,经砂石生产系统加工形成。小石检测结果见表 6.9。根据检测结果,该粗骨料能满足施工要求。

表 6.9　小石检测结果

检测项目	表观密度 /(g·m⁻³)	松散密度 /(g·m⁻³)	针片状含量 (质量分数)/%	空隙率/%	含泥量 (质量分数)/%
规范要求	2.5	1.35	15	47	1.5
实际测值	2.67	1.53	无	42.7	0.7

中石:天然砂石,经砂石生产系统加工形成。中石检测结果见表 6.10。

表 6.10　中石检测结果

检测项目	表观密度 /(g·m⁻³)	松散密度 /(g·m⁻³)	针片状含量 (质量分数)%	空隙率%	含泥量 (质量分数)%
规范要求	2.5	1.35	15	47	1.5
实际测值	2.68	1.53	无	42.9	0.6

以 20~40 mm 为中石,20~5 mm 为小石。骨料比例试验结果见表 6.11。

表 6.11　骨料比例试验结果

名称	骨料百分比	松散密度/(kg·m⁻³)	紧密密度/(kg·m⁻³)
中石：小石	60：40	1 564	1 683
中石：小石	50：50	1 559	1 658
中石：小石	70：30	1 561	1 669

上述骨料比例中以中石 60%、小石 40%,密度最大,空隙率最小,故试拌

制混凝土骨料比例按该比例进行配制。

拌和用水:使用厂房区营地的生活饮用水作为拌和用水。

砂率:自密实混凝土要求有较大的流动性和扩展度、抗离析性,因此砂率不宜过小,采用 40%、45%、50%进行试配。试配选择 40%时,坍落度为 22 cm,扩展度不规则,实测值 54 cm,有中、小石堆集现象,有离析和泌水现象。选择 45%时,坍落度 23 cm,扩展度规则,呈圆形,实测值 62 cm,和易性好,流动性大,保水性强。选择 50%时,坍落度 21 cm,扩展度规则,呈圆形,实测值 41 cm,和易性粘稠,流动性差。间隙通过性和抗离析性检测合格。

外加剂:推荐掺量 1.0%(质量分数)。

工程要求 C20 无配筋自密实混凝土浇筑。

2. 配合比设计

确定 C20 无配筋自密实混凝土的配合比见表 6.12。

表 6.12　C20 混凝土配合比

强度等级	水灰比	用水量/kg	水泥/kg	砂/kg	小石/kg	中石/kg	外加剂 JK－8 /kg
C20	0.53	215	406	792	387	580	4.06

3. 浇筑

根据压力钢管加劲环的临界压力计算,斜井回填混凝土的上升速度应控制在 0.58 m/h 以内,按每延米 10.44 m³ 计算,即每小时最大下料量为 6 m³。随着混凝土浇筑高度的上升,逐步拆除仓内的溜管,溜桶或溜槽末端距已浇筑混凝土面保持在 1.5 m 以内。

4. 混凝土性能

工程中 C20 自密实混凝土现场浇筑时坍落扩展度 61 cm,硬化拆模后,观感光滑有光泽,无裂缝,基本无气泡。留样试块 28 d 抗压强度平均值 30.4 MPa,满足施工所需要的性能指标要求。

6.1.5　在剪力墙工程中的应用

1. 原材料

水泥 :选用 P·O42.5 水泥,具体指标见表 6.13。

表 6.13　水泥检测结果

检测项目	稠度 /%	细度 /%	凝结时间		抗折强度/MPa		抗压强度/MPa		安定性
			初凝 /min	终凝 (h:min)	3 d	28 d	3 d	28 d	
实测值	27.2	2.0	198	4:35	5.7	7.4	27.1	48.4	合格

矿粉:S95 级矿粉,比表面积为 400 m²/kg,7 d 抗压强度比为 84%,28 d 为 99%。

粉煤灰:优质 F 类 Ⅰ 级粉煤灰,密度为 2.40 g/cm³,需水量比 93%,烧失量为 1.4%,45 μm 方孔筛余 7.8%。

粗、细骨料:选用粒径为 5～10 mm 石灰岩人工碎石。压碎值指标6.2%,表观密度为 2.75 g/cm³,含泥量 0.3%(质量分数),泥块含量为 0(质量分数);选用河砂,细度模数 3.0,表观密度为 2.85 g/cm³,含泥量 0.95%(质量分数),泥块含量 0.5%(质量分数)。

化学外加剂:LH-03 高性能聚羧酸减水剂。

2. 工程概况

主体结构为现浇自密实 C35 和自密实 C30 CL 剪力墙结构。剪力墙内植保温板,其板厚为 50 mm,保温板距内模板 50 mm,保温板距外模板 200 mm,结构设计 23 层,其中 4 层及 4 层以下为 C35 自密实 CL 剪力墙,4 层以上为 C30 自密实 CL 剪力墙体,总自密实 CL 墙体混凝土体积约为 5 700 m³。C35 自密实 CL 墙体和 C30 自密实 CL 墙体,采用泵送环绕式分层浇筑法。由于 CL 墙体内植不同规格的钢筋与钢筋焊网以及厚度达 50 mm 的保温板材,浇筑截面尺寸小,而且 CL 网架板中的钢筋分布很密集,大于 1 cm 粒径的粗骨料无法使用,从而使设计使用的骨料必须具备较大的比表面积,达到高抗离析性能的工作性能,如黏聚性、保水性、流动性良好的条件下,浆体用量就较大。而从耐久性能(如收缩变形、体积稳定性等)因素考虑,宜选用较小的设计用水量,那么聚羧酸高性能减水剂则为该设计配合比的首选。而由于聚羧酸外加剂对含泥量的敏感性,为充分发挥聚羧酸外加剂的性能优势,本次配合比设计优选含泥量较小、粒形、级配较好的骨料,胶凝材料也优先选择需水量较小、与外加剂适应性良好的胶凝材料,从而确保了混凝土工作性完全满足 CL 墙体及现场施工性能的需要。自密实 CL 墙体混凝土工作性能要求:扩展度 600～750 mm,倒置坍落度筒(5 s)不小于 260 mm,目视无泌水、离析现象,且和易性良好。

3. 配合比设计

经混凝土配合比试拌验证:满足实际运距与浇筑工艺和施工进度要求,需达到 2.5 h 扩展度 600 mm 以上,自配泵送剂 2.0%掺量,胶砂减水率为 29.5%较适宜,同步验证负温−5～−10 ℃(施工地区冬期施工期间负温极限值一般为−5～−10 ℃),复合掺加防冻剂乙二醇 4.0‰,引气剂 0.3‰,满足抗冻要求。该设计配合比具备了低用水量、低水胶比的条件,同时化学外加剂复配掺加了 1.5‰的纤维素。纤维素的应用及其他材料优异性能的叠加,使新拌混凝土的流变性能符合高填充性的要求,这一良好的填充区间表现为高抗离析性略大于高流动性,解决了配制预拌 CL 墙体自密实混凝土拌合物的高流动性与高抗离析性的平衡与制约的关键技术难点。

采用绝对体积法,按照有关设计规程的步骤计算,经试配优化后,应用最终确定的自密实混凝土配合比,见表 6.14。

表 6.14 C35 自密实混凝土配合比

强度等级	水胶比	用水量 /kg	水泥 /kg	粉煤灰 /kg	砂 /kg	碎石 /kg	矿粉 /kg	外加剂 /kg
C35	0.36	169	280	90	834	920	95	7.8

4. 性能

CL 墙板样本浇筑及后来的现场施工混凝土拌合物的工作性能及其抗压强度见表 5.15。

表 5.15 现场施工混凝土拌合物的工作性能及抗压强度

坍落度/mm		扩展度/mm		保水性	黏聚性	抗压强度/MPa	
初始	2.5 h	初始	2.5 h			7 d	28 d
275	270	670	655	良好	良好	39.5	44.1

5. 浇筑施工

投入生产使用的河砂应筛除 5 mm 以上的卵石颗粒。搅拌时间较普通混凝土应适当延长。搅拌运输车在装料前应洗罐,避免黏结的普通混凝土的大粒径石子混入该混凝土中。

为确保混凝土可泵性、匀质性良好,混凝土运输车进场待料期间不得停罐。每车浇筑过程中由于施工的需要,有时会有短时的间歇停顿,当再次放料前应高速正转 2 min 以上方可放料,且泵车斗内的搅拌叶片不可停止转动,这是确保混凝土匀质性的最后一道工序。由于混凝土拌合物 2.5 h 几乎无坍损,且拌合物工作性能完全满足现场施工要求,不存在擅自加水的现象,但每车混凝土浇筑完毕冲洗放料斗的洗车水严禁直接排入泵车料斗内。因为该配合比设计用水量和化学外加剂掺量在较为科学合理的使用区间,在达到高抗离析性能的前提下,黏聚性、保水性能良好,同时流动性能也已接近极限值,此时排入泵车料斗内的洗车水将使高性能聚羧酸减水剂的性能呈现质的变化,会导致泵斗内的拌合物呈现严重的分层离析现象,不但影响混凝土力学耐久性能,而且实体硬化后因分层离析导致浆体上浮、流失,会出现清晰可见的粗细骨料裸露现象,严重影响自密实混凝土的外观感观效果。泵车斗内应保留 2/3 的混凝土,防止空气吸入。浇筑过程中应及时观测保温板内外两侧混凝土浆面高度差,并应控制在 400 mm 以内,以确保保温板不产生相对的位移。确定的施工工艺应确保 CL 网架板不能经受较大的震动,以免焊点开焊。同时还应确保钢筋网架不变形。为达到表面光洁的效果,可以实行模板外的辅助振动。一般采用小皮锤、小型平板振动器或振捣棒随着混凝土的浇筑从下往上模外震动。CL 复合剪力墙中的混凝土层面较薄,为了防止产生干缩裂缝,同时也为了增加混凝土的密实度与抗碳化性,应适当延长拆模时间。待拆模后立即涂刷养护剂,非冬期施工期间可覆盖浇水养护。

6.1.6　在巨型柱工程中的应用

1. 原材料

水泥:采用强度等级为 42.5 的硅酸盐水泥,符合《通用硅酸盐水泥》(GB 175)规定。

掺合料:活性好的矿物掺合料。

骨料:骨料的粒径、尺寸和级配对高抛免振捣混凝土拌合物的施工性,尤其拌合物通过的间隙影响很大。高抛免振捣混凝土的粗骨料采用粒径小于等于 25 mm 的石子,其最大粒径:当使用卵石时为 25 mm,使用碎石时为 20 mm。且针片状颗粒含量宜小于等于 5.0%(质量分数),含泥量应小于等于 0.5%(质量分数),泥块含量宜小于等于 0.2%(质量分数),其他指标须符合现行《普通混凝土用碎石或卵石质量标准及检验方法》(JGJ 53—92)的规定,细骨料细度模数宜小于等于 2.6,其含泥量应小于等于 2.0%(质量分数),泥块含量应小于等于 0.5%(质量分数),其他指标应符合现行《普通混凝土用砂、石质量标准及检验方法》(JGJ 52—2006)的规定。

外加剂:对高抛免振捣 C70 自密实混凝土应掺用高效减水剂或缓凝高效减水剂,使其具有优质的流化性能,保持拌合物的流动性、合适的凝结时间与泌水率、良好的泵送性。

2. 工程概况

天津高银 117 大厦巨型柱施工流程为钢板安装、焊接、第三方焊缝探伤检测,然后安装腔体内竖向主筋、箍筋、拉筋等,再进行腔内混凝土浇筑。由于混凝土浇筑前需要结构安装,所以混凝土浇筑时具有一定的抛落高度,最大抛落高度达到 30 多 m。针对天津高银 117 大厦巨型柱内部结构施工特点,选用 C70 高抛免振捣混凝土。Ⅰ级高抛免振捣混凝土拌合物性能指标见表 6.16。

表 6.16 Ⅰ级高抛免振捣混凝土拌合物性能指标

性能指标	技术要求
扩展时间 T500/s	3≤T500≤5
坍落扩展度/mm	600≤Ⅰ级≤650
离析率 f_m/%	≤10
U 形箱高度差 Δh/mm	≤40

3. 配合比设计

为了制备性能优异的自密实混凝土,超细矿物掺合料必不可少。超细矿物掺合料的掺入可以调节混凝土拌合物黏度系数,改善混凝土的工作性。天津高银 117 大厦巨型柱混凝土在 C70 自密实混凝土配合比基础上,优化配合比,用多种或特种矿物掺合料来替代水泥以提高混凝土的工作性能,满足高抛免振捣施工的需要。天津高银 117 大厦巨型柱 C70 高抛免振捣混凝土配合比(kg/m³):水泥:粉煤灰:硅灰:超细矿粉:河砂:碎石(5～25 mm):

水：减水剂＝ 320：150：60：80：720：940：160：13. 42。

4. 性能

天津高银 117 大厦巨型柱 C70 高抛免振捣混凝土工作性能优异，28 d 抗压强度符合要求，其坍落扩展度 650 mm；T500 ＝3. 9 s；U 形箱高度差 20 mm；坍落扩展度与 J 环扩展度之差 10 mm；离析率 4. 2%；倒坍时间 4. 2 s；抗压强度 R_7＝71. 1 MPa，R_{14}＝79. 5 MPa，R_{28}＝89. 7 MPa。

5. 浇筑

在浇筑前先浇筑 1 层 100～200 mm 厚与混凝土强度配合比相同的水泥砂浆，防止自由下落的混凝土粗骨料产生弹跳，影响混凝土强度，砂浆由自密实混凝土供应搅拌站提供，严禁现场搅拌。浇筑过程中，钢柱密实度采用方量控制与敲击控制两种，方量控制主要以实际浇筑量与理论浇筑量进行对比，在每浇筑 1 车后进行实测，测量工具选用测锤，同时配合手电筒进行照射并进行目测。浇筑过程中的混凝土质量控制尤为重要，所有进场混凝土以控制扩展度为主，采用目测控制流动性等工作性能，进场混凝土扩展度大于等于 650 mm，3 h 后大于等于 600 mm，对扩展度小于 500 mm 的混凝土，禁止使用。

浇筑时应注意：巨型柱钢管混凝土浇筑之前，应将管内异物、积水清除干净，管内混凝土浇筑应在钢构件安装完毕并验收合格后进行。混凝土浇筑时，巨型柱内各钢板分仓对称下料，分层浇筑，节点处加强人工振捣。巨型柱每段浇筑至指定标高。下料时应轮流向各个腔内下料，每次下料高度控制在 2 m，间隙 10～15 min 后再继续下料，以此类推。抛落高度应大于等于 4 m，对于抛落高度小于 4 m 的部分，需应用内部振捣器振实。出料口须伸入钢柱，利用混凝土下落产生的动能达到混凝土自密实的效果，柱外配合人工用木槌进行敲击。浇筑过程中，由专人负责汽车泵调控工作。每浇筑 2 m 高，间隔 10 min，特别是浇筑结构隔板处混凝土，应间隔 15 min，以便有足够时间排出腔内空气。

6. 养护

混凝土浇筑前，在巨型柱表面粘贴 1 层 40 mm 厚泡沫塑料保温板作为保温材料，利用工业胶将保温板紧密粘贴在巨型柱上，待混凝土养护达到要求后将每块保温板从巨型柱表面铲下回收，作为下一次巨型柱混凝土养护的材料反复利用。对于混凝土露天的表面,在浇筑后 12 h 内先在表面铺 1 层塑料薄膜,再铺 1 层纤维薄膜,再用 1 层 40 mm 厚泡沫塑料保温板穿过钢筋对混凝土面层压实进行保温,边角部位、钢筋穿孔部位及缺陷部位需用纤维棉进行封堵保温。应在浇筑 12 h 内对混凝土加以保湿养护,保湿养护时间大于等于 14 d。保温层的拆除要逐步进行,当混凝土表面的温度与环境最大温差小于 20 ℃时,可全部拆除。

6.1.7 掺石灰石粉自密实混凝土的工程应用

1. 原材料

水泥:宁夏石嘴山赛马水泥有限责任公司产赛马牌 P·O 42.5R 水泥,3 d 水泥强度 29.8 MPa,28 d 水泥强度 50.6 MPa。

粉煤灰:宁夏青铝自备电厂 I 级灰,45 μm 方孔筛筛余 10%,烧失量 4.75%。

石灰石粉:阿拉善左旗鑫磊石料厂石灰石粉,比表面积 800 m²/kg,45 μm 方孔筛筛余 9.2%。

矿物掺合料物理性能见表 6.17。

表 6.17 矿物掺合料物理性能(%)

名称	细度	需水比	烧失量	亚甲蓝值	7 d 活性	28 d 活性
粉煤灰	10	92	4.75	—	63	70
石灰石粉	9.2	90	—	0.9	64	72

粗、细骨料:阿拉善左旗鑫磊石料厂 5~20 mm 碎石,含泥量 0.7%(质量分数),压碎指标值 9.6%,其技术指标见表 6.18;阿拉善左旗鑫磊石料厂生产的水洗砂,细度模数 3.1,含泥量 2.5%(质量分数);吴忠关马湖砂厂生产的细砂,细度模数 1.8,含泥量 2.3%(质量分数)。

通过表 6.18 的试验数据,根据粗细骨料合成级配找出骨料最佳级配和用料比例,其中粗骨料用料比例为 5~20 mm 碎石∶5~10 mm 碎石＝75%∶25%;细骨料用料比例为水洗砂∶细砂＝70%∶30%。

表 6.18　骨料技术指标

名称	粒径/规格	细度模数	压碎指标	含泥量 /%	表观密度 /(kg·m⁻³)	堆积密度 /(kg·m⁻³)	孔隙率 /%
碎石	5~20 mm	—	9.6	0	2705	1559	42
碎石	5~10 mm	—		0.5	2712	1500	45
合成碎石	5~20 mm	—	9.4	0.6	2709	1653	39
水洗砂	中砂	3.1		2.5	2693	1572	
细砂	细砂	1.8		2.3	2608	1655	
合成砂	中砂	2.7		2.4	2712	1676	

外加剂:宁夏腾仁化工建材有限公司腾仁牌聚羧酸高性能减水剂,减水率 28.9%,含固量 14%(质量分数)。

2. 工程概况

某工程主体结构为钢、混结构,地下 3 层,地上 38 层,总高 158 m,地上建筑面积约 60 918 m²,地下建筑面积约 14 875 m²。地下 3 层结构柱为钢骨柱结构 C55 自密实混凝土;地上 1~6 层为钢管柱结构 C55 自密实混凝土,6 层以上为 C50 自密实混凝土。参照主体钢柱结构设计,该工程钢柱结构使用的自密实混凝土在现阶段不具备泵送条件,均由塔吊自卸完成混凝土浇筑,随后将使用泵送法施工进行浇筑。

3. 配合比设计

用石灰石粉以水泥质量的 5%、10%、15%、20%取代粉煤灰,结合该工程中对钢柱自密实混凝土工作性、填充性、间隙通过性的技术要求,用质量法假定 C55 自密实表观密度 2 415 kg/m³,砂率提高到 40%和 C50 自密实表观密度 2 410 kg/m³,砂率提高到 41%,试配混凝土配合比见表 6.19,观察混凝土拌合物工作状态并得出试验数据,见表 6.20。

表 6.19 试配混凝土配合比   kg/m³

编号	水泥	粉煤灰	石灰石粉	水	水洗砂	细砂	5~20 mm 碎石	5~10 mm 碎石	外加剂
1C55	430	120	0	165	540	200	760	200	19.3
2C55	430	100	20	165	540	200	760	200	19.0
3C55	430	80	40	165	540	200	760	200	18.7
4C55	430	60	60	165	540	200	760	200	18.7
5C55	430	40	80	165	540	200	760	200	19.0
1C50	410	120	0	170	530	210	770	200	17.0
2C50	410	100	20	170	530	210	770	200	16.7
3C50	410	80	40	170	530	210	770	200	16.4
4C50	410	60	60	170	530	210	770	200	16.4
5C50	410	40	80	170	530	210	770	200	16.7

表 6.20 试配混凝土性能

编号	T500 扩展时间/s	L 型仪 H2/H1	坍落度/坍落扩展度（mm/mm）			抗压强度/MPa		
			初始	1 h	2 h	7 d	28 d	60 d
1C55	4.8	0.84	265/630	255/620	245/610	52.6	57.1	61.1
2C55	4.6	0.85	270/640	260/630	250/615	54.8	61.3	65.0
3C55	4.3	0.86	270/650	265/640	255/630	55.3	62.2	67.4
4C55	4.3	0.87	275/660	275/655	265/645	55.0	64.2	69.8
5C55	4.7	0.85	265/650	255/640	245/625	54.6	63.3	67.2
1C50	4.6	0.85	260/635	250/620	240/610	45.0	55.8	57.5
2C50	4.4	0.86	265/640	255/630	245/615	47.5	56.6	60.9
3C50	4.2	0.86	265/650	255/640	245/630	48.7	58.3	62.8
4C50	4.2	0.87	275/665	270/660	260/655	52.6	58.8	62.7
5C50	4.6	0.85	265/645	255/635	245/620	50.9	57.6	61.8

通过试验发现,混凝土拌合物的和易性、工作性随着石灰石粉掺量的提高而逐步提高。单掺粉煤灰的两组混凝土拌合物出现表面上浮未燃烧的煤

灰(呈黑褐色),混凝土出现轻微的浆骨分离现象且在静止的过程中表面出现气泡集中不宜消除的现象,凝固硬化后表面呈泡沫状,随着石灰石粉掺量的逐步提高该现象有所改善并得到解决。

随着石灰石粉掺量逐步增加,坍落度、坍落扩展度有明显改善,坍落度经时损失减小,T500 扩展时间随之缩短,保证了自密实混凝土在现场自卸 2 h 达到技术要求。当掺量达到 20%(质量分数)时,混凝土拌合物从感观和工作性状态出现黏性增大,T500 扩展时间增加,流动性减缓现象不利于自密实混凝土施工。混凝土的力学性能方面随着石灰石粉掺量的提高,混凝土 7 d、28 d 抗压强度有所增长。

通过混凝土配合比试验,观察和检测混凝土拌合物的和易性、工作性、密实性及力学性能,最终调整和确定实际使用配合比。

4. 性能

通过对 C55 组和 C50 组混凝土拌合物和易性、工作性及力学性能的对比可以看出,使用最佳级配配制的 C55 混凝土在和易性、工作性方面明显优于C50 组质量法配制的混凝土。从感观来看,C55 组明显比 C50 组混凝土骨料级配更加合理,拌合物工作状态更好,混凝土表观密度实测值高,混凝土的密实性得到改善和提高。在该工程使用中发现,自密实混凝土拌合物的和易性、工作性良好,没发现可泵性差、开裂等问题。

6.1.8 掺矿山废石自密实混凝土的工程应用

1. 原材料

水泥:金隅集团生产的琉璃河 P·O 42.5 级水泥,比表面积 400 m²/kg 左右,性能指标见表 6.21。

掺合料:为粉煤灰与矿渣粉复合,较好效果为二者比例为 2∶3。

粉煤灰:坤海江 II 级粉煤灰,性能指标见表 6.22。

矿渣粉:北京首丰 S95 级矿渣粉,性能指标见表 6.23。

外加剂:为聚羧酸高效减水剂与脂肪族(羟基)磺酸盐高效减水剂复合,较好的效果为二者比例为 1∶4,聚羧酸盐系高效减水剂,固含量为 20%(质量分数),推荐掺量 1.1%～1.4%(质量分数),脂肪族(羟基)磺酸盐高效减水剂为北京安建世纪科技发展有限公司生产的粉剂,推荐掺量为 2.0%～3.0%

（质量分数）。

细集料：为尾矿砂与砂子的混合料，混合砂细度模数大于 2.6，属于 II 区中砂，砂含泥量不大于 3.0%（质量分数），泥块含量不大于 1.0%（质量分数）。

水洗特细砂：密云尾矿砂，细度模数小于 1.1，SiO_2 含量为 50%～70%（质量分数），含泥量为 1.2%（质量分数），泥块含量为 0.5%（质量分数）。

天然砂：涿州天然中砂，细度模数大于 2.8，洁净，无泥块含量。

粗集料：密云尾矿石，5～25 mm 连续级配，洁净。

水：自来水。

表 6.21 水泥的性能指标

标准稠度	凝结时间/min		抗压强度/MPa		抗折强度/MPa		密度/
需水量/%	初凝	终凝	3 d	28 d	3 d	28 d	(g·cm⁻³)
26.2	141	230	28.0	51.8	5.6	8.1	3.1

表 6.22 粉煤灰性能指标

细度（45 μm 筛筛余）/%	需水量比/%	SO₃含量（质量分数）/%	碱含量（质量分数）/%	Loss/%
15	98	0.30	1.09	7

表 6.23 矿渣粉性能指标

比表面积	活性指数/%		SO₃含量	碱含量	Loss/%
/(m²·kg⁻¹)	7 d	28 d	（质量分数）/%	（质量分数）/%	
447	78	102	0.65	0.87	0.75

2. 工程概况

工程要求用 C50 自密实混凝土，钢筋、预留管道叠层、纵横交错、体形复杂，浇筑困难，要求施工混凝土要有良好的工作性和保持性，坍落度大于等于 250 mm，扩展度大于等于 550 mm，工作性能良好。

3. 配合比设计

以不同粒径的矿山废石来代替骨料，粒径较小、细度模数小于 1.1 的水洗特细砂代替部分细骨料;粒径较大的尾矿石代替粗骨料。经过大量试验,得出各原料用量如下范围时,试验结果较佳:用水量 120~160 kg/m³,水泥 200~300 kg/m³,掺合料 100~300 kg/m³,外加剂 8~15 kg/m³,水洗特细砂 150~350 kg/m³,中砂 550~700 kg/m³,石子 800~1 000 kg/m³,聚羧酸高效减水剂 4~12 kg/m³,脂肪族(羟基)磺酸盐高效减水剂 2~8 kg/m³。试配后最终确定配合比见表 6.24。

表 6.24　C50 自密实混凝土配合比　　　　　　　　　　kg/m³

用水量	水泥	尾矿砂	砂	尾矿石	复合掺合料	外加剂
160	280	200	645	920	200	8.6

4. 性能

用 U 型高差仪和 L 型高差仪进行混凝土的钢筋通过率试验,用以验证低胶材用量自密实混凝土自密实性能的变化。混凝土拌合物通过 U 型高差仪底部 Φ16@30 钢筋流动基本停止时的时间均为 2 min 左右,高差仅为 0.3~0.5 cm,而且上表面石子均匀分布。混凝土通过 L 型高差仪底部的 Φ16@30 钢筋自由流到 40 cm 的距离时时间均为 5 s 左右,流动时砂浆包裹着石子一起流动,流动停止后,前后水平高度差仅为 0.5 cm,与长度 60 cm 的比例为 0.83%。说明细砂取代前后混凝土拌合物均具有优异的自密实性能。

实际应用混凝土的工作性、保持性良好,坍落度 265 mm,扩展度 730 mm。混凝土外观光洁、密实、无裂缝,28 d 强度全部达到设计要求。

6.2　铁路工程

6.2.1　自密实混凝土在混凝土拱工程中的应用

1. 原材料

水泥:P·O42.5,3 d、28 d 抗压强度分别为 22.8 MPa、51.1 MPa,碱含量 0.58%(质量分数),氯离子含量 0.019%(质量分数),C_3A 含量 6.73%(质量分数)。

粉煤灰:F 类 I 级,烧失量 1.51%,细度 2.8%。

粗、细骨料:湍河河砂,Ⅱ区中砂,细度模数 2.7,泥块含量 0.2%(质量分数),含泥量 1.0%(质量分数)。5～20 mm 两级配碎石,表观密度 2.72 g/cm³,5～10 mm 级配区间碎石与 10～20 mm 级配区间碎石之比为 40%:60%,泥块含量为 0,含泥量 0.1%(质量分数)。

减水剂:聚羧酸高性能减水剂,含固量 22.5%(质量分数),减水率 30%。

膨胀剂:低碱型混凝土膨胀剂,符合《混凝土膨胀剂》(GB23439－2009)Ⅰ型标准要求。

2. 工程概况

该大桥是某铁路复线的控制性工程之一,主桥某处采用钢管混凝土系杆拱结构,设计孔跨布置为 1～64 m 系杆拱,属刚性系梁刚性拱,计算跨径 64 m,梁长 65.4 m。主桥系梁采用单箱双室预应力混凝土箱型截面。拱肋采用钢管混凝土结构,矢跨比 1/5,除拱脚处采用圆端形截面外,其余均采用哑铃形截面。拱肋之间设 3 道钢管横撑,另在横撑和拱肋间设 4 根斜撑。拱肋、横撑及斜撑内灌混凝土均采用 C55 微膨胀自密实混凝土。按照工程设计和施工总体工期安排要求,结合相关规范,确定 C55 微膨胀自密实混凝土性能指标要求如下:

混凝土强度等级:混凝土强度等级 C55,配制强度 65 MPa,混凝土静弹性模量大于 36 GPa,3 d 抗压强度达到 47 MPa。

混凝土和易性:混凝土应具有良好的工作性,能自密实,黏聚性好,不离析泌水。初始坍落度 220～260 mm,扩展度大于 600 mm;混凝土拌合物 3 h 后坍落度大于 200 mm,含气量 2%～4%。

混凝土耐久性:28 d 电通量小于 1 000 C;单方混凝土总碱含量不大于 3.5 kg/m³;氯离子含量、三氧化硫含量与胶凝材料总量的比值分别小于 0.06%、4.0%

混凝土密实性能:自密实,微膨胀,无收缩,管内混凝土填充密实度大于 99%。控制混凝土的限制膨胀率不小于 $1.5×10^{-4}$,限制干缩率不大于 $3×10^{-4}$。

3. 配合比设计

依据 GB 50119—2003 和产品说明书,初步拟定膨胀剂的掺量控制在 8%～12%。依据有关标准,在固定胶凝材料用量的情况下,改变粉煤灰掺量

(10％～25％)和膨胀剂掺量,配制了多组 C55 自密实微膨胀混凝土。优选了其中 3 组作为下一步试配配合比,见表 6.25,并进行工作性、力学性能和变形能的试验研究。

表 6.25　试配自密实混凝土配合比　　　kg/m³

组别	水泥	粉煤灰	膨胀剂	砂	碎石	外加剂	水
1	459	56	45	641	1045	6.72	170
2	448	56	56	641	1045	6.72	170
3	409	84	67	641	1045	6.72	170

混凝土拌合物工作性能测试结果见表 6.26。从试验结果看,前两组混凝土配合比拌合物工作性能都基本满足自密实施工工艺要求。在试验过程中发现随着膨胀剂的掺量增加,混凝土的流动性性能下降,混凝土坍落度损失增大。

表 6.26　混凝土拌合物工作性能测试结果

组别	坍落度/mm			扩展度/mm			凝结时间/h:min	
	出机	1 h	3 h	出机	1 h	3 h	初凝	终凝
1	250	240	230	660	610	575	14:20	18:55
2	235	235	220	630	600	570	14:05	19:10
3	220	210	180	600	560	500	12:45	18:30

将 3 组混凝土配合比不同龄期的混凝土力学性能试件和电通量试件进行了测试,其结果见表 6.27。

表 6.27　混凝土力学性能测试结果

组别	抗压强度/MPa			弹性模量/MPa		电通量/C
	3 d	7 d	28 d	7 d	28 d	28 d
1	52.1	63.6	73.2	39.1	43.8	591
2	49.8	58.7	69.9	39.6	43.2	614
3	44.6	55.2	64.4	38.8	42.2	606

通过分析检测数据,前两组混凝土配合比的 3 d 早期强度和 28 d 强度能满足配制要求,静弹性模量和电通量结果均满足设计要求。随着膨胀剂掺量的增大,混凝土抗压强度有下降趋势,但对混凝土静弹性模量和电通量影响不大。

采用混凝土限制膨胀率测试仪按照 GB 50119—2003 规范进行了限制膨胀率和干缩率测试。混凝土试件限制膨胀率测试结果见表 6.28。从测试数据看膨胀剂掺量为 8% 和 10% 的混凝土配合比限制膨胀率(水中 14 d)和限制干缩率(水中 14 d,空气中 28 d)均能满足要求。

表 6.28　混凝土变形性能测试结果

组别	膨胀率/10^{-4}				
	3 d	7 d	14 d	28 d	42 d
1	1.31	1.78	2.41	2.30	2.11
2	1.64	2.50	3.32	3.00	2.82
3	2.01	3.44	4.97	3.93	3.38

控制钢管拱桥中混凝土的膨胀值时,可考虑较大范围,这样易于控制,不至于因膨胀值微小的变化,造成构件受力破坏。分析 3 组混凝土配合比拌合物工作性能、力学性能、收缩性能并结合经济性来看,第 2 组混凝土配合比综合性能最佳。核算第 2 组混凝土配合比总碱含量、氯离子含量、三氧化硫含量满足 TB 10424—2010 规范要求。综合分析,第 2 组混凝土配合比可作为实验室理论配合比。在施工前采用现场的原材料在拌和站对混凝土进行了拌和,并对相关参数进行了测试,其各项性能指标接近于实验室试配结果,能满足钢管混凝土施工要求。最终选定的混凝土配合比为水泥∶粉煤灰∶膨胀剂∶砂∶碎石∶水∶减水剂＝448∶56∶56∶641∶1 045∶170∶6.72。

4. 性能

拱肋四次混凝土施工,所用混凝土的坍落度均大于 240 mm,其流动性、抗离析性和可泵性良好。硬化后混凝土力学性能、耐久性能和变形性能均满足设计要求。同条件试件强度达到设计强度的 90% 需要 3~5 d,保证了施工工期。通过对钢管内混凝土密实度检测,发现混凝土微膨胀效果明显,无脱空现象,混凝土密实度超过 99%,钢管混凝土拱整体质量好。

5. 施工浇筑

为了保障混凝土施工的顺利进行,在拱肋吊装前焊接完拱肋混凝土灌注管、排气管及冒浆孔,并在施工前要在拱肋上设置好止浆阀。针对拱肋微膨胀自密实混凝土特点,制定了专项施工组织方案。混凝土施工前,组织了有关人员进行混凝土泵管的接拆训练。所有泵管均进行水密性试验,发现问题提前处理。中心实验室对混凝土施工的原材料进行了复验,提前验证了混凝土配合比。机械部门对所有用于施工的机械设备进行了全面检查、维护保养。

拱肋钢管从两端拱脚同时对称顶升泵送灌注,以拱顶为对称中线组织钢管混凝土的灌注施工,采用输送泵将混凝土连续不断地自下而上压入钢管拱内。混凝土施工顺序按照先上弦管,再下弦管,后拱肋腹腔部分,最后施工横撑、斜撑。混凝土强度达到设计强度的 90％后方可进行下一个部位的施工。拱肋混凝土两侧分别同时对称压注,一次压完,且须在混凝土初凝以前全部压注完毕。四角泵送混凝土时及时联系,压注速度要协调一致,四角压注长度相差不大于 2.0 m。

6.2.2 在无砟轨道工程中的应用

1. 原材料

水泥:北京琉璃河水泥厂 P·O 42.5 级水泥。

粉煤灰:河北西柏坡电厂 I 级粉煤灰。

磨细矿渣粉:山东鲁新建材 S95 级矿渣粉。

膨胀剂:天津豹鸣公司产高效膨胀剂。

水泥、粉煤灰和矿渣粉的物理化学性能指标见表 6.29。

粗骨料:天津蓟县产两种连续级配碎石,其最大粒径分别为 10 mm 和 16 mm。

细骨料:河北卢龙产细度模数 2.6 的河砂。

减水剂:天津雍阳产聚羧酸系高效减水剂,减水率为 26％。

粘度改性材料为自制。

表 6.29　水泥、粉煤灰和矿渣粉的物理化学性能指标

指标	水泥	粉煤灰	磨细矿粉
烧失量/%	2.93	1.10	1.01
SO_3 含量（质量分数）/%	2.29	0.20	0.37
Cl^- 含量（质量分数）/%	0.011	0.003	0.138
碱含量（质量分数）/%	0.63	1.40	0.55
游离 CaO 含量（质量分数）/%	0.83	0.09	
C_3A 含量（质量分数）/%	8.18		
MgO 含量（质量分数）/%	3.06	1.65	11.60
比表面积/$(m^2 \cdot kg^{-1})$	358	278	550

2. 工程概况

高速铁路板式无砟轨道充填层混凝土需要是一种具有高流动性、高间隙通过性和高抗离析性的自密实混凝土。板式无砟轨道结构主要由轨道板、自密实混凝土充填层（8～10 cm）、隔离层和钢筋混凝土底座四大部分组成。自密实混凝土充填层施工是整个板式无砟轨道混凝土结构施工的最后一步，其处于轨道板下近似四周封闭的空腔中，自密实混凝土只能从轨道板上预留灌注孔进入空腔。要求自密实混凝土具有高的流动性和高的体积稳定性。

根据高速铁路板式无砟轨道充填层设计要求和功能定位，充填层材料需满足以下功能要求：

①充填功能。充填层材料要给上层轨道板提供平顺的支承，材料需能充满整个充填层空间，这就要求其具有高的流动性和充填能力。

②黏结和承载功能。充填层介于轨道板和钢筋混凝土底座之间，且在结构设计上充填层要与轨道板形成复合整体结构共同承受上部列车荷载。因此充填层材料与轨道板的结合面不得有软弱层或空洞等缺陷，充填层材料必须具有高稳定性、高黏结性和抗离析能力。根据上述功能要求，相关标准规定了充填层材料——自密实混凝土的性能指标要求，自密实混凝土工作性能指标和硬化体性能指标分别见表 6.30 和表 6.31。

表 6.30　自密实混凝土工作性能指标

参数	指标
坍落扩展度/mm	≤680
扩展时间 T500/s	3～7
J 环障碍高差/mm	＜18
泌水率/%	0
L 型仪充填比	≥0.9
含气量/%	3～6
竖向膨胀率/%	0～1

表 6.31　自密实混凝土硬化体性能指标

参数	指标
56 d 抗压强度/MPa	≥40
56 d 弹性模量/($\times 10^4$ MPa)	3.0～3.8
56 d 干燥收缩值/($\times 10^{-6}$)	≤400
56 d 电通量/C	≤1 000
56 d 抗盐冻性(28 次冻融循环剥落量)/(g·m^{-2})	≤1 000

3. 配合比设计

设计了 C30、C40 和 C50 3 种强度等级的自密实混凝土,配合比见表 6.32,试验用所有原材料均为干燥状态。

表 6.32　试验配合比　　　　　　　　　　　　　　　　kg/m³

编号	水泥	粉煤灰	磨细矿渣粉	膨胀剂	砂	碎石	水	减水剂	粘度改性材料
C30－1	270	162	54	54	863	707	180	4.32	0.02
C30－2	270	162	54	54	863	707	162	6.21	0.02
C40－1	322	150	50	58	821	699	180	4.64	0.02
C40－2	322	150	50	58	821	699	174	5.22	0.02
C50	370	140	0	60	821	699	180	5.4	0.02

注:表中 C30 和 C50 配合比使用的是 5～10 mm 的碎石,而 C40 配合比使用的是 5～16 mm 的碎石

4.性能

按照 C30-1、C40-1、C50 配合比,制备的 3 种自密实混凝土均具有良好的流动性和填充性,其工作性能指标均满足要求。

C30-1、C40-1、C50 自密实混凝土的塑性收缩变形峰值分别为 $1\,619\times10^{-6}$,$1\,698\times10^{-6}$ 和 $2\,101\times10^{-6}$,120 d 龄期自收缩变形值分别为干燥收缩变形值的 36%、38%、28%,56 d 电通量均低于 $1\,000$ C,表明均具有良好的抗氯离子渗透能力。自密实混凝土强度等级越低,其 56 d 电通量越低,结果见表 6.33。3 种自密实混凝土均具有高的抗盐冻能力,经受 28 次冻融循环后均能满足技术指标要求,三种自密实混凝土剥落量分别为 989 g/m^2、452 g/m^2、188 g/m^2。同时,随着自密实混凝土强度等级的提高,其抗盐冻破坏能力逐渐增强。

表 6.33　自密实混凝土抗氯离子渗透性能

龄期/d	电通量/C		
	C30-1	C40-1	C50
28	1 447	1 494	1 568
56	599	905	950

6.3　桥梁工程

6.3.1　在高架桥钢管混凝土工程中的应用

1.原材料

水泥:P·O 42.5 普通硅酸盐水泥。

掺合料:优质 II 级磨细粉煤灰。

骨料:连续级配石子,粒径为 5~31.5 mm 卵石,粒径为 5~20 mm 碎石。

外加剂:UEA-L 型膨胀剂和 FDN-FD 型防冻剂。

水:自来水。

钢管柱内采用 C40 自密实混凝土,坍落度取(250±10) mm,坍落扩展度取(650±50) mm。

2. 配合比设计

本工程共有 2 000 mm 钢管柱 40 根,钢板厚度 36 mm。柱网间距为 36 m×36 m。

自密实混凝土水胶比、用水量、砂率、粉煤灰掺量等主要参数确定后,经过混凝土性能试验、强度检验反复调整原材料参数后,配合比确定 (kg/m³) 为:

水泥:中砂:5~31.5 mm 卵石:5~20 mm 碎石:粉煤灰:FDN−FD 防冻剂:UEA−L 膨胀剂:水 = 330:734:478:478:160:16.7:67:170。

3. 混凝土性能及施工

根据混凝土顶升最高高度计算所需混凝土输送泵压力,选择混凝土输送泵。现场选用 HBT80C−1818D 泵车,理论最大输出压力为 18 MPa。选取的泵车压力值 = 18 MPa > 6.05×2 MPa = 12.1 MPa,满足要求。

分析混凝土龄期为:7 d、14 d、28 d、56 d、84 d 时氯离子扩散系数分别为 3.62 m²/s、2.94 m²/s、2.18 m²/s、1.24 m²/s、0.93 m²/s。

该混凝土自然养护 2 d 便可达到 50 MPa 以上,弹性模量大于 3.2×10⁴ MPa,后期强度也在平稳缓慢增长,均无倒缩现象。混凝土氯离子渗透系数 84 d 均小于 $1.5×10^{-12}$ m²/s,体积稳定性好、耐久性高,达到配制预期目标,对于要求早期强度高的预应力薄壁结构较为适用。在 50 m 箱梁安装施工时,每施工一跨节约 3 d 左右工期。

6.3.2 自密实混凝土在桥梁工程中应用

1. 原材料

水泥:P·O 42.5 普通硅酸盐水泥,细度 2.1%,3 d 抗压强度 26.6 MPa,28 d 抗压强度 51.0 MPa,初凝时间 1 h 55 min,终凝时间 2 h 25 min。

粉煤灰:Ⅱ级灰,细度 9.9%,烧失量 2.3%,需水量比 98%。

细骨料:中砂,细度模数为 2.7,表观密度为 2 640 kg/m³,堆积密度为 1 520 kg/m³。

粗骨料:5~25 mm 石灰岩碎石,表观密度为 2 720 kg/m³,堆积密度为 1 520 kg/m³。

外加剂:苏博特 JM— 9 型(缓凝、泵送)混凝土高效增强剂,上海华登 HP400R＋增稠剂。

水:长江水。

工程为大桥,桥墩的主承台平面成哑铃形,单个塔柱下的承台平面尺寸为 51.35 m×48.10 m,厚度为 5.00～13.32 m,两承台间的系梁平面尺寸为 11.05 m×28.10 m,厚为 6.00 m。水下封底混凝土设计底标高为－12.50～ －10.00 m,顶标高为－7.00 m,承台顶标高为＋6.32 m。通过在吊箱底上浇筑水下混凝土,使其与 131 根桩形成整体,协同受力,抵抗抽水后吊箱的巨大浮力。封底混凝土厚度达 3.0～5.5 m,要求封底一次成功,抽水后吊箱不漏水,实现从水下施工到水上施工的关键工序转换,为承台的钢筋绑扎和混凝土浇筑提供水上施工条件。封底混凝土设计强度等级为 C30。

2. 配合比设计

C30 承台封底混凝土配合比见表 6.34。

表 6.34　C30 承台封底混凝土配合比

编号	W/B	水泥/ (kg·m^{-3})	粉煤灰/ (kg·m^{-3})	砂/ (kg·m^{-3})	石子/ (kg·m^{-3})	水/ (kg·m^{-3})	外加剂/ (kg·m^{-3})
C1	0.401	349	130	761	859	192	4.311＋0.017 (HP4000R＋增稠剂)
C2	0.409	307	131	731	1 004	179	7.008(JM— 9)

3. 混凝土浇筑与性能

C30 承台封底混凝土物理性能见表 6.35。

表 6.35　C30 承台封底混凝土物理力学性能

编号	初凝 /min	终凝 /min	SL /mm	SL(1 h) /mm	堆积密度 /(kg·m^{-3})	7 d抗压 强度/MPa	28 d抗压 强度/MPa	60 d抗压 强度/MPa
C1	1 930	2 160	250	200	2 334	34	51.0	66.1
C2	/	/	580*	/	2 370	35.1	49.5	

注:SL 为坍落度,＊为扩展度

承台封底采用导管法施工时,现场调配了两条混凝土搅拌船,以 160 m³/h 的速度不间断地向 25 根导管供应混凝土。同时,在浇筑过程中严密监控,布设了百余个测点,及时掌握混凝土水下流动状况和厚度。为检查封底混凝土的质量,在施工结束后,对 C1 标封底混凝土进行钻芯取样,芯样的抗压强度见表 6.36。6 个圆柱体芯样(直径与高度比为 1∶1)28 d 平均抗压强度为 45.0 MPa,是实验室标准养护条件下测得结果的 88%。检查发现,混凝土的表观基本均匀,无明显骨料和浆体分离的现象,混凝土浇筑到位,表面高度差在 50 mm 以内,与桩的结合良好,无渗水情况。钻芯取样,混凝土中骨料分布基本均匀,无明显大气孔和不密实等缺陷。

表 6.36　封底混凝土芯样的抗压强度　　　　　　　　　　　MPa

编号及部位	1# (导管间)	2# (导管处)	3# (护筒边)	4# (导管处)	5# (导管间)	6# (护筒边)
15 d 抗压强度	35.5	41.1	—	—	41.0	—
28 d 抗压强度	40.6	48.7	39.4	49.2	48.5	43.4

6.4　隧道工程

6.4.1　在涵洞工程中的应用

1.原材料

水泥:P·O 42.5 级普通硅酸盐水泥。

细骨料:中砂,细度模数 2.72,含泥量 2.3%。

粗骨料:碎卵石,粒径范围 5~20 mm,含泥量 0.4%(质量分数)。

矿物掺合料:Ⅰ级粉煤灰,细度为 0.045 mm,方孔筛筛余为 4.7%,烧失量 2.84%。

水:可饮用自来水。

外加剂:YNF-9 型聚羧酸高效减水剂。

2.配合比计算

本工程钢筋的最小净间距为 100 mm,依据相关规范要求,确定自密实性能等级为二级。U 形箱试验填充高度为 320 mm 以上。坍落扩展度为 650 mm±50 mm。T500 时间为 3~20 s。V 形漏斗通过时间为 7~25 s。

计算水灰比：

强度标准差 σ 取 5.0 MPa，强度标准值 $f_{cu,k}$ 取 30 MPa。

试配强度为

$$f_{cu,o}=(30+1.645\times5)\text{MPa}=38.2\text{ MPa}$$

水泥 28 d 抗压强度实测值为

$$f_{ce}=1\times42.5\text{ MPa}=42.5\text{ MPa}$$

水灰比为

$$W/C=0.48\times42.5/(38.2+0.48\times0.33\times42.5)=0.45$$

通过试验比对，考虑实际情况水灰比为 0.46。

原材料单位用量：

水密度为 1 000 kg/m³，水泥表观密度为 3 100 kg/m³，细骨料表观密度为 2 603 kg/m³，粗骨料表观密度为 2 708 kg/m³，粉煤灰表观密度为 2 100 kg/m³，粉煤灰取代率 30%、超量系数 1.3，砂率取 50%，外加剂掺量 2.5%，含气量 2.5%，骨料中 0.075 mm 以下的粉体颗粒质量分数均不足 1%，故计算时忽略不计。考虑骨料的表面含水率（以饱和面干为标准）和液体外加剂含水计入单位体积用水量，即实际单位用水量为 175 kg/m³。

$$V_w=\frac{m_{\text{实w}}}{\rho_w}=175/1\,000\text{ L}=0.175\text{ L}$$

$$m_c=\frac{m_w}{W/C}\times(1-30\%)=\frac{175}{0.46}\times0.7\text{ kg}=266\text{ kg}$$

$$V_c=\frac{m_c}{\rho_c}=\frac{266}{3\,100}\text{L}=0.086\text{ L}$$

$$m_f=\frac{m_w}{W/C}\times30\%\times1.3=\frac{175}{0.46}\times0.3\times1.3\text{ kg}=148\text{ kg}$$

$$V_f=\frac{m_f}{\rho_f}=\frac{148}{2\,100}\text{L}=0.07\text{ L}$$

$$m_s=(1-V_w-V_c-V_f-\text{含气量})\times50\%\times\rho_s$$
$$=(1-0.175-0.086-0.07-0.025)\times0.5\times2\,603\text{ kg}=838\text{ kg}$$

$$V_s=\frac{m_s}{\rho_s}=\frac{838}{2\,603}\text{ L}=0.322\text{ L}$$

$$m_G=(1-V_w-V_c-V_f-V_s-\text{含气量})\times\rho_s$$
$$=(1-0.175-0.086-0.07-0.322-0.025)\times2\,100\text{ kg}=872\text{ kg}$$

外加剂用量为

$$(266+148)\times 2.5\% \text{ kg}=10.37 \text{ kg}$$

根据上述计算结果得出每立方米混凝土配合比：

水泥：266 kg/m³，水：175 kg/m³，砂：838 kg/m³，石：872 kg/m³，聚羧酸：10.37 kg/m³，粉煤灰：148 kg/m³。

混凝土碱及氯离子含量：

水泥：碱含量 0.59%（质量分数），氯离子含量 0.008%（质量分数）；粉煤灰：碱含量 1.57%（质量分数），氯离子含量 0.002%（质量分数）；聚羧酸：碱含量 0.95%（质量分数），氯离子含量 0.080%（质量分数）。

混凝土碱含量为

$$(0.59\%\times 266+148\times 0.2\times 1.57\%+10.37\times 0.95\%)\text{kg/m}^3=2.13 \text{ kg/m}^3$$

混凝土氯离子百分率为

$$(0.008\%\times 266+0.002\%\times 148+0.08\%\times 10.37)/380=0.009\%<0.06\%$$

混凝土性能试验：

根据所得出的配合比进行混凝土性能试验，坍落度 260 mm，扩展度 650 mm，U 形箱填充高度 335 mm，含气量为 3.1%，T500 为 6 s，V 形漏斗通过时间 15 s，出机温度 20 ℃。

3. 现场浇筑

浇筑采用 HBT80 输送泵，泵送管径 180 mm，泵送距离最长 150 m，地面与暗涵洞内落差 10 m。台车每组浇筑 10 m。考虑到混凝土入仓填充依靠自身流动性，流动距离不宜过长，且衬砌钢筋较密，为避免填充不实，出现空洞，故入仓口设置在台车中部。浇筑前应检查模板、钢筋以及止水带位置，模板及其支撑系统强度是否达到要求，堵头缝隙封堵是否完毕，确认无误后进行浇筑。对现场浇筑的混凝土应进行实时监控，逐车检查自密实混凝土的扩展度及 T500 时间。且每间隔 10 min 将重新进行扩展度的检查并绘制扩展度损失曲线图。若损失过大将不得用于结构。施工若为了消除气泡，采用附着式振捣器，确保不超过 3 s，且不宜同一位置重复振捣。由于采用全圆式模板台车一次浇筑成型，为防止台车上浮，在浇筑混凝土时应控制腰线上 1 m 左右至台车底模位置的混凝土速率，先正常浇筑混凝土至台车底模处，往上每浇筑混凝土 1 m³，停滞 2～3 min 直至腰线上 1 m 位置。浇筑过程应保证混凝土连续,在保证台车不上浮的同时尽量不间断,一次性浇筑完成。自密实混凝土连续泵送和浇筑,停泵时间过长,应及时清除泵和泵管中的混凝土。浇筑混凝土应时刻关注两侧均匀浇筑,应防止模板台车的位移扭曲变形。

自密实混凝土出厂至施工工地需耗时 30～40 min,出厂扩展度控制在 700 mm 左右,到场扩展度 660～690 mm,损耗在 10～40 mm,$T500_0$在 5～8 s 之间,浇筑过程中未发生泌水现象。整个泵送过程较为顺利。根据现场实际测出混凝土停滞 30 min 后均能保持良好的泵送性。在浇筑过程中,自密实混凝土通过自身重力穿过钢筋而填满整个舱面,浇筑耗时 3～4 h。经 2 d 后拆模,混凝土表面平整、光滑,未出现蜂窝、麻面。

6.4.2 在涵洞工程中的应用

1. 原材料

水泥:采用华新水泥厂生产的 32.5 级普通硅酸盐水泥。

骨料:石子采用宜昌产 5～31.5 mm 碎石;砂采用清江砂。其物理性能见表 6.37。

表 6.37 骨料物理性能

项目	表观密度 /(kg·m⁻³)	堆积密度 /(kg·m⁻³)	含泥量 (质量分数)/%	压碎值	含水率 /%	细度模数
碎石	2 670	1 460	1.4	11.0	3	—
砂	2 693	1 600	1.0	—	10	2.64

粉煤灰:采用荆门电厂 II 级粉煤灰,化学成分见表 6.38。

表 6.38 粉煤灰化学成分(质量分数)/%

项目	Loss	SiO_2	Al_2O_3	Fe_2O_3	CaO	MgO	f-CaO	SO_3
粉煤灰	3.98	5.76	34.12	24.12	3.03	0.55	0.32	0.63

防水剂:ZL－II 型 SCC 复合增塑防水剂。

2. 工程概况

隧道建设中的一个重点也是难点是对防水处理要求非常高。因为渗、漏水会造成对隧道衬砌及各种通风、照明、消防等设备的侵蚀破坏;路面积水会使行车环境恶化。某高速公路段要求使用自密实混凝土构筑隧道防水体系。

3. 配合比设计

通过对现场原材料性能的检测和分析,在多次现场试验的基础上,确定了现场自密实防水衬砌混凝土(强度等级为 C35)的施工配合比(见表 6.39)。

表 6.39　自密实混凝土配合比　　　　　　　　　　kg/m³

原料	水泥	石子	砂	粉煤灰	防水剂
用量	300	841	825	162	10.8

4. 性能

自密实混凝土加压到 2.5 MPa 时,由于仪器量程所限,无法继续加压,劈裂后测量渗水高度平均为 4.7 cm,一方面说明防水效果良好,同时也说明高性能混凝土用抗渗试验的方法已无法衡量其抗渗性能。

从抗渗试样中取 $\Phi100$ mm×100 mm 的圆柱体芯,并将圆柱体沿中间切成 2 个 $\Phi100$ mm×50 mm 的圆柱形试件作为快速氯离子渗透试验的试样。试验中得到的抗氯离子渗透系数为 7.860 34×10^{-12} m²/s(小于 8×10^{-12} m²/s),说明自密实混凝土抗氯离子渗透性较好。而同期普通混凝土的抗渗系数为 14.104 23×10^{-12} m²/s,抗氯离子渗透性低于自密实混凝土。

6.5　电力工程

6.5.1　在大跨越输电高塔工程中应用

1. 原材料

水泥:选用质量稳定、流变性能好的 42.5 级水泥。

砂:选用低碱活性的机制中砂,细度模数为 2.6,密度为 2.65 g/cm³。

石料:选用低碱活性细石,连续级配,粒径为 5~20 mm,密度为 2.72 g/cm³。

矿物掺合料:采用粉煤灰与矿粉复合双掺,其中粉煤灰选用萧山Ⅰ级,密度为 2.0 g/cm³。

矿粉:选用合力 S95 级,密度为 2.86 g/cm³。

外加剂:新型聚羧酸系超高效缓凝型减水剂,减水率可达 30%以上,在具备高减水性的同时尚具有混凝土坍落度、扩展度经时损失小、泌水少、和易性好的优点。

膨胀剂:合力 HL-HEA。

2. 工程背景

某一拟建的大跨越输电高塔,塔身高达 370 m,位于东南沿海某岛,工程拟采用中空夹层钢管混凝土复合构件作为该塔主柱的主要承载结构。考虑到施工过程中振捣困难,且对浇筑混凝土的质量要求较高,因此管内混凝土采用微膨胀自密实混凝土,要求所拌混凝土具有良好的流动性与保水性,便于泵送施工。具体性能指标如下:

混凝土设计强度 C40。

混凝土具有良好的流变性能,初始坍落度 220~250 mm,坍落扩散度 600~650 mm;并要求在 3~5 h 内保证混凝土具有一定的流动性。

混凝土具有良好的保水性和黏聚性,不离析、不泌水。

混凝土具有补偿收缩性,其 14 d 限制膨胀率为$(1.5\sim2)\times10^{-4}$。

3. 配合比设计

在配制过程中,主要采取如下几点技术措施:

增加矿物掺合料代替水泥的比例,以增加拌合物中的浆体量来增加粘度,并通过高掺量粉煤灰与矿粉"双掺"的叠加效应改善混凝土拌合物的流变特性,从而提高其流动性和抗分离性及自填充性。

适当增大砂率和控制粗骨料粒径不超过 20 mm,以减少遇到阻力时浆骨分离的可能,增加拌合物的抗离析稳定性。

外加剂的减水率宜在 28%以上并具有一定的保塑功能。

根据强度要求和自密实混凝土胶材总量的经验,通过配合比计算及多次试配调整后,确定用水量 190 kg/m³,水灰比为 0.39,砂率为 45%,水泥用量 488 kg/m³。在此基础上,采用 I 级粉煤灰取代水泥 25%,并取超量系数1.3,矿粉取代水泥 10%,膨胀剂取代水泥 8%,最终用于本试验研究的 C40 自密实混凝土配合比见表 6.40,其中减水剂的掺量为总胶凝材料的 1.2%,水胶比为 0.36。

表 6.40　C40 自密实混凝土配合比

编号	混凝土原材料用量/$(kg \cdot m^{-3})$							
	水	水泥	粉煤灰	矿粉	砂	石	膨胀剂	减水剂
SCC40	190	278	159	49	734	914	39	6.3

4. 性能

从试验结果及现场拌制来看,该混凝土拌合物具有较高的流动性,坍落度和扩展度均达到预期的自密实混凝土性能指标要求,且坍落度与扩展度经时损失较小,无明显的泌水现象,表现了良好的保水性和黏聚性,并具有一定的缓凝效果。

标准养护至规定龄期的混凝土具有良好的力学性能,其抗压强度 3 d 达设计强度的 47%,7 d 达 79%,14 d 达 110%,28 d 达 117%,满足设计要求,且混凝土后期强度能稳定增长。

混凝土 14 d 限制膨胀率为 190×10^{-6},符合预期要求的 $(150 \sim 200) \times 10^{-6}$ 这一指标。

初凝到凝后 8 h,呈现出明显的收缩变形,其中密封养护时收缩约 72×10^{-6} m/m,而敞开养护收缩约 287×10^{-6} m/m,约为前者的 4 倍。初凝后 8 h 到凝后 60 h,密封养护总变形表现为膨胀,其值约 165×10^{-6} m/m,而敞开养护总变形仍表现为收缩,其值约 140×10^{-6} m/m。初凝 60 h 后,又出现了明显的收缩趋势。相对来说,敞开养护下收缩更为明显,且两者收缩速率均在龄期 14 d(从加水搅拌算起)左右开始放缓,其后逐渐趋于稳定。31 d 龄期(从加水搅拌算起)的变形,密封养护下"膨胀"约 68×10^{-6} m/m,敞开养护下则"收缩"约 312×10^{-6} m/m。

附录 自密实混凝土相关标准

标准(规范)名称	代号、编号
通用硅酸盐水泥	GB 175—2007
混凝土外加剂	GB 8076—2008
建筑地基基础设计规范	GB 50007—2011
混凝土结构设计规范	GB 50010—2010
混凝土外加剂应用技术规范	GB 50119—2003
混凝土质量控制标准	GB 50164—2011
混凝土结构工程施工质量验收规范	GB 50204—2015
混凝土结构工程施工规范	GB 50666—2011
用于水泥和混凝土中的粉煤灰	GB/T 1596—2005
金属穿孔板试验筛	GB/T 6003.2—2012
预拌混凝土	GB/T 14902—2003
轻集料及其试验方法 第一部分:轻集料	GB/T 17431.1—2010
用于水泥和混凝土中的粒化高炉矿渣粉	GB/T 18046—2008
高强高性能混凝土用矿物外加剂	GB/T 18736—2002
普通混凝土拌合物性能试验方法标准	GB/T 50080—2002
普通混凝土力学性能试验方法标准	GB/T 50081—2002
普通混凝土长期性能和耐久性能试验方法标准	GB/T 50082—2009
混凝土强度检验评定标准	GB/T 50107—2010
轻骨料混凝土技术规程	JGJ 51—2002
普通混凝土用砂、石质量及检验方法标准	JGJ 52—2006
混凝土拌合用水标准	JGJ 63—2006
建筑施工门式钢管脚手架安全技术规范	JGJ 128—2010

续表

标准(规范)名称	代号、编号
建筑施工扣件式钢管脚手架安全技术规范	JGJ 130—2011
混凝土搅拌运输车	JG/T 5094—1997
混凝土泵送施工技术规程	JGJ/T 10—2011
混凝土耐久性检验评定标准	JGJ/T 193
纤维混凝土应用技术规程	JGJ/T 221
人工砂混凝土应用技术规程	JGJ/T 241—2011
自密实混凝土应用技术规程	JGJ/T 283—2012
高抛免振捣混凝土应用技术规程	JGJ/T 296—2013
自密实混凝土技术规范	CECS 203—2006
公路水泥混凝土路面设计规范	JTGD 40—2002

参考文献

[1] 冯乃谦. 高性能混凝土[M]. 北京:中国建筑工业出版社,1996.

[2] 吴中伟,廉慧珍. 高性能混凝土[M]. 北京:中国铁道出版社,1999.

[3] 迟培云. 现代混凝土技术[M]. 上海:同济大学出版社,1999.

[4] 安雪晖,黄绵松,大内雅博,等. 自密实混凝土技术手册[M]. 北京:中国水利水电出版社,2008.

[5] 姚艳,王玲,田培. 高性能混凝土[M]. 北京:化学工业出版社,2006.

[6] 黄祚继. 大体积流态混凝土工程裂缝控制研究[M]. 郑州:黄河水利出版社,2008.

[7] 冷发光. 绿色高性能混凝土技术[M]. 北京:中国建材工业出版社,2011.

[8] 刘娟红,宋少民. 绿色高性能混凝土技术与工程应用[M]. 北京:中国电力出版社,2011.

[9] 丁大钧. 高性能混凝土及其在工程中的应用[M]. 北京:机械工业出版社,2007.

[10] 冯乃谦,刑锋. 高性能混凝土技术[M]. 北京:原子能出版社,2000.

[11] 赵筠. 自密实混凝土的研究和应用[J]. 混凝土,2003(6):9-17.

[12] 齐永顺,扬玉红. 自密实混凝土的研究现状分析及展望[J]. 混凝土,2007(1):25-28.

[13] 纪建林,胡竞贤,王毅. 自密实混凝土性能及其在三峡三期工程中的应用[J]. 西北水电,2005(4):33-36.

[14] 张青,廉慧珍. 自密实高性能混凝土配合比研究与设计[J]. 建筑技术,1999(1):19-21.

[15] 刘云华,谢友均,龙广成. 自密实混凝土研究进展[J]. 硅酸盐学报,2007(5):671-678.

[16] 吴合志. C35 自密实混凝土在 CL 建筑工程中的应用[J]. 商品混凝土,2015(3):60-61.

[17] 袁启涛,朱涵,唐玉超. 天津高银 117 大厦 C70 高抛免振捣自密实混凝土制备及应用[J]. 施工技术,2015(1):27-29.

[18] 黄滕斌. C55 微膨胀自密实混凝土在钢管混凝土拱中的应用研究[J]. 北

方交通,2015(2):34-40.

[19] 王瑞.石灰石粉在自密实混凝土工程中的应用[J].商品混凝土,2015(10):56-59.

[20] 谭盐宾.石高速铁路 CRTS Ⅲ 型板式无砟轨道自密实混凝土性能研究[J].铁道建筑,2015(1):132-136.

[21] 武俊宇.利用矿山废石制备自密实混凝土及其工程应用[J].混凝土,2011(9):96-98.

[22] 陈月顺.隧道自密实防水混凝土抗渗性试验研究[J].新型建筑材料,2005(5):18-20.

[23] 徐建国.自密实混凝土在大跨越输电高塔应用中的试验研究[J].电力建设,2008(7):20-24.

[24] 李茂生.高性能自密实混凝土在工程中的应用[J].建筑技术,2001(1):39-40.

[25] 戎君明.高抛免振捣自密实混凝土[J].施工技术,1999(5):4-5.

[26] 郭顺祥.C60 自密实混凝土在凯恒中心工程的应用[J].施工技术,2007(10):80-81.

[27] 吴合志.C35 自密实混凝土在 CL 建筑工程中的应用[J].商品混凝土,2015(3):60-61.

[28] 袁启涛.天津高银 117 大厦 C70 高抛免振捣自密实混凝土制备及应用[J].施工技术,2015(1):27-29.

[29] 王瑞.石灰石粉在自密实混凝土工程中的应用[J].商品混凝土,2015(10):56-59.

[30] 武俊宇.利用矿山废石制备自密实混凝土及其工程应用[J].混凝土,2011(9):96-98.

[31] 徐建国.自密实混凝土在大跨越输电高塔应用中的试验研究[J].电力建设,2008(7):20-24.

[32] 杨玉军.西安咸阳国际机场 T3A 航站楼大直径钢管柱自密实混凝土施工技术[J].施工技术,2012(5):8-9.

[33] 陈波.自密实混凝土在苏通大桥承台封底中的应用[J].混凝土与水泥制品,2005(4):17-19.

[34] 黄巍. 谈自密实混凝土施工技术[J]. 山西建筑,2012(6):111-112.

[35] 谭盐宾. 高速铁路 CRTSⅢ型板式无砟轨道自密实混凝土性能研究[J]. 铁道建筑,2015(1):132-136.

[36] BARTOS P J M. Testing-SCC: towards new European Standards forfresh SCC[C]// Proceedings of 1st International Symposium on Design, Performanceand Use of Self-Consolidating Concrete. Paris: RILEM Publication SARL,2005, 25-46.

[37] SVEN M, ASMUS F, YANG J Y. State of the art admixtures forhigh performance SCC in China[C]// Proceedings of 1st International Symposiumon Design, Performance and Use of Self-consolidating Concrete. Paris: RILEM Publication SARL,2005, 129-136.

[38] CORINALDESI V,MORICONI G,TITTARELLI F. SCC: a way tosustainable construction development [C] // Proceedings of 1st International Symposiumon Design,Performance and Use of Self-Consolidating Concrete. Paris: RILEM Publication SARL,2005, 599-605.

[39] LUO S R, ZHENG J L. Study on the application of self- compactingconcrete in strengthening engineering[C]// Proceedings of 1st International Symposium on Design, Performance and Use of elf-Consolidating Concrete. Paris: RILEM Publication SARL, 2005, 633-640.

[40] BOUZOUBAADA N, LACHEMI M. Self-compacting concrete incorporatinghigh volumes of class F fly ash preliminary results [J]. Cem. Concr. Res. , 2001,31(3): 413-420.

[41] FEMANDEZ-ALRABLE V, CASANOVA I. Influence of mixing sequence and superplasticiser dosage on the rheological responseof cement pastes at different temperatures [J]. Cem. Concr. Res. ,2006, 36(7): 1222-1230.

[42] ALDIALD A, ROY R L E, CORDIN J. Rheological behavior of freshcement pastes formulated from a self compacting concrete (SCC) [J]. Cem. Concr. Res. ,2006,36(7): 1203-1213.

[43] YE G,LIU X,de SCHUTTERG, et al. The microstructure of selfcompacting concrete compared with high performance concrete andtraditional concrete [C] // Proceedings of 1st International Symposium on Design, Performanceand Use of Self-Consolidating Concrete. Paris: RILEM Publication SARL,2005, 383-394.

[44] DOMONE P L. Self-compacting concrete: an analysis of 11 years of case studies [J]. Cement & Concrete Composites, 2006, 28 (2): 197-208.